清华大学优秀博士学位论文丛书

# 等离子体法制备碳点材料及其对铀的检测与吸附研究

王哲（Wang Zhe）著

Preparation of Carbon Dots Material
by Microplasma Method for the Detection
and Adsorption of Uranium

清华大学出版社
北京

## 内 容 简 介

本书提供了一种新型的吸附材料碳点并将其用于铀的检测和吸附,创造性地利用等离子体电化学方法快速、可控地制备碳点;利用该方法将碳点原位负载于介孔二氧化硅表面,合成碳点的复合材料。在将该方法用于铀高效吸附的同时,利用碳点荧光强度的变化,实现了对吸附过程的在线监测。本书为碳点和等离子体方法的应用开拓了新领域,同时为铀的吸附和在线监测提供了新思路。

**图书在版编目(CIP)数据**

等离子体法制备碳点材料及其对铀的检测与吸附研究/王哲著.—北京:清华大学出版社,2023.6

(清华大学优秀博士学位论文丛书)

ISBN 978-7-302-63174-3

Ⅰ. ①等… Ⅱ. ①王… Ⅲ. ①等离子体应用-炭素材料-铀-荧光分析-吸附-研究 Ⅳ. ①X771

中国国家版本馆 CIP 数据核字(2023)第 052631 号

责任编辑:戚 亚
封面设计:傅瑞学
责任校对:薄军霞
责任印制:刘海龙

出版发行:清华大学出版社
   网  址:http://www.tup.com.cn,http://www.wqbook.com
   地  址:北京清华大学学研大厦 A 座   邮  编:100084
   社 总 机:010-83470000    邮  购:010-62786544
   投稿与读者服务:010-62776969,c-service@tup.tsinghua.edu.cn
   质量反馈:010-62772015,zhiliang@tup.tsinghua.edu.cn
印 装 者:三河市东方印刷有限公司
经  销:全国新华书店
开  本:155mm×235mm  印  张:11.5  字  数:198 千字
版  次:2023 年 6 月第 1 版   印  次:2023 年 6 月第 1 次印刷
定  价:119.00 元

产品编号:089507-01

# 一流博士生教育
# 体现一流大学人才培养的高度（代丛书序）①

　　人才培养是大学的根本任务。只有培养出一流人才的高校，才能够成为世界一流大学。本科教育是培养一流人才最重要的基础，是一流大学的底色，体现了学校的传统和特色。博士生教育是学历教育的最高层次，体现出一所大学人才培养的高度，代表着一个国家的人才培养水平。清华大学正在全面推进综合改革，深化教育教学改革，探索建立完善的博士生选拔培养机制，不断提升博士生培养质量。

## 学术精神的培养是博士生教育的根本

　　学术精神是大学精神的重要组成部分，是学者与学术群体在学术活动中坚守的价值准则。大学对学术精神的追求，反映了一所大学对学术的重视、对真理的热爱和对功利性目标的摒弃。博士生教育要培养有志于追求学术的人，其根本在于学术精神的培养。

　　无论古今中外，博士这一称号都和学问、学术紧密联系在一起，和知识探索密切相关。我国的博士一词起源于2000多年前的战国时期，是一种学官名。博士任职者负责保管文献档案、编撰著述，须知识渊博并负有传授学问的职责。东汉学者应劭在《汉官仪》中写道："博者，通博古今；士者，辩于然否。"后来，人们逐渐把精通某种职业的专门人才称为博士。博士作为一种学位，最早产生于12世纪，最初它是加入教师行会的一种资格证书。19世纪初，德国柏林大学成立，其哲学院取代了以往神学院在大学中的地位，在大学发展的历史上首次产生了由哲学院授予的哲学博士学位，并赋予了哲学博士深层次的教育内涵，即推崇学术自由、创造新知识。哲学博士的设立标志着现代博士生教育的开端，博士则被定义为独立从事学术研究、具备创造新知识能力的人，是学术精神的传承者和光大者。

---

　　① 本文首发于《光明日报》，2017年12月5日。

博士生学习期间是培养学术精神最重要的阶段。博士生需要接受严谨的学术训练，开展深入的学术研究，并通过发表学术论文、参与学术活动及博士论文答辩等环节，证明自身的学术能力。更重要的是，博士生要培养学术志趣，把对学术的热爱融入生命之中，把捍卫真理作为毕生的追求。博士生更要学会如何面对干扰和诱惑，远离功利，保持安静、从容的心态。学术精神，特别是其中所蕴含的科学理性精神、学术奉献精神，不仅对博士生未来的学术事业至关重要，对博士生一生的发展都大有裨益。

### 独创性和批判性思维是博士生最重要的素质

博士生需要具备很多素质，包括逻辑推理、言语表达、沟通协作等，但是最重要的素质是独创性和批判性思维。

学术重视传承，但更看重突破和创新。博士生作为学术事业的后备力量，要立志于追求独创性。独创意味着独立和创造，没有独立精神，往往很难产生创造性的成果。1929 年 6 月 3 日，在清华大学国学院导师王国维逝世二周年之际，国学院师生为纪念这位杰出的学者，募款修造"海宁王静安先生纪念碑"，同为国学院导师的陈寅恪先生撰写了碑铭，其中写道："先生之著述，或有时而不章；先生之学说，或有时而可商；惟此独立之精神，自由之思想，历千万祀，与天壤而同久，共三光而永光。"这是对于一位学者的极高评价。中国著名的史学家、文学家司马迁所讲的"究天人之际，通古今之变，成一家之言"也是强调要在古今贯通中形成自己独立的见解，并努力达到新的高度。博士生应该以"独立之精神、自由之思想"来要求自己，不断创造新的学术成果。

诺贝尔物理学奖获得者杨振宁先生曾在 20 世纪 80 年代初对到访纽约州立大学石溪分校的 90 多名中国学生、学者提出："独创性是科学工作者最重要的素质。"杨先生主张做研究的人一定要有独创的精神、独到的见解和独立研究的能力。在科技如此发达的今天，学术上的独创性变得越来越难，也愈加珍贵和重要。博士生要树立敢为天下先的志向，在独创性上下功夫，勇于挑战最前沿的科学问题。

批判性思维是一种遵循逻辑规则、不断质疑和反省的思维方式，具有批判性思维的人勇于挑战自己，敢于挑战权威。批判性思维的缺乏往往被认为是中国学生特有的弱项，也是我们在博士生培养方面存在的一个普遍问题。2001 年，美国卡内基基金会开展了一项"卡内基博士生教育创新计划"，针对博士生教育进行调研，并发布了研究报告。该报告指出：在美国和欧洲,培养学生保持批判而质疑的眼光看待自己、同行和导师的观点同样非常不容易,批判性思维的培养必须成为博士生培养项目的组成部分。

对于博士生而言,批判性思维的养成要从如何面对权威开始。为了鼓励学生质疑学术权威、挑战现有学术范式,培养学生的挑战精神和创新能力,清华大学在2013年发起"巅峰对话",由学生自主邀请各学科领域具有国际影响力的学术大师与清华学生同台对话。该活动迄今已经举办了21期,先后邀请17位诺贝尔奖、3位图灵奖、1位菲尔兹奖获得者参与对话。诺贝尔化学奖得主巴里·夏普莱斯(Barry Sharpless)在2013年11月来清华参加"巅峰对话"时,对于清华学生的质疑精神印象深刻。他在接受媒体采访时谈道:"清华的学生无所畏惧,请原谅我的措辞,但他们真的很有胆量。"这是我听到的对清华学生的最高评价,博士生就应该具备这样的勇气和能力。培养批判性思维更难的一层是要有勇气不断否定自己,有一种不断超越自己的精神。爱因斯坦说:"在真理的认识方面,任何以权威自居的人,必将在上帝的嬉笑中垮台。"这句名言应该成为每一位从事学术研究的博士生的箴言。

### 提高博士生培养质量有赖于构建全方位的博士生教育体系

一流的博士生教育要有一流的教育理念,需要构建全方位的教育体系,把教育理念落实到博士生培养的各个环节中。

在博士生选拔方面,不能简单按考分录取,而是要侧重评价学术志趣和创新潜力。知识结构固然重要,但学术志趣和创新潜力更关键,考分不能完全反映学生的学术潜质。清华大学在经过多年试点探索的基础上,于2016年开始全面实行博士生招生"申请-审核"制,从原来的按照考试分数招收博士生,转变为按科研创新能力、专业学术潜质招收,并给予院系、学科、导师更大的自主权。《清华大学"申请-审核"制实施办法》明晰了导师和院系在考核、遴选和推荐上的权力和职责,同时确定了规范的流程及监管要求。

在博士生指导教师资格确认方面,不能论资排辈,更要看重教师的学术活力及研究工作的前沿性。博士生教育质量的提升关键在于教师,要让更多、更优秀的教师参与到博士生教育中来。清华大学从2009年开始探索将博士生导师评定权下放到各学位评定分委员会,允许评聘一部分优秀副教授担任博士生导师。近年来,学校在推进教师人事制度改革过程中,明确教研系列助理教授可以独立指导博士生,让富有创造活力的青年教师指导优秀的青年学生,师生相互促进、共同成长。

在促进博士生交流方面，要努力突破学科领域的界限，注重搭建跨学科的平台。跨学科交流是激发博士生学术创造力的重要途径，博士生要努力提升在交叉学科领域开展科研工作的能力。清华大学于2014年创办了"微沙龙"平台，同学们可以通过微信平台随时发布学术话题，寻觅学术伙伴。3年来，博士生参与和发起"微沙龙"12 000多场，参与博士生达38 000多人次。"微沙龙"促进了不同学科学生之间的思想碰撞，激发了同学们的学术志趣。清华于2002年创办了博士生论坛，论坛由同学自己组织，师生共同参与。博士生论坛持续举办了500期，开展了18 000多场学术报告，切实起到了师生互动、教学相长、学科交融、促进交流的作用。学校积极资助博士生到世界一流大学开展交流与合作研究，超过60%的博士生有海外访学经历。清华于2011年设立了发展中国家博士生项目，鼓励学生到发展中国家亲身体验和调研，在全球化背景下研究发展中国家的各类问题。

在博士学位评定方面，权力要进一步下放，学术判断应该由各领域的学者来负责。院系二级学术单位应该在评定博士论文水平上拥有更多的权力，也应担负更多的责任。清华大学从2015年开始把学位论文的评审职责授权给各学位评定分委员会，学位论文质量和学位评审过程主要由各学位分委员会进行把关，校学位委员会负责学位管理整体工作，负责制度建设和争议事项处理。

全面提高人才培养能力是建设世界一流大学的核心。博士生培养质量的提升是大学办学质量提升的重要标志。我们要高度重视、充分发挥博士生教育的战略性、引领性作用，面向世界、勇于进取，树立自信、保持特色，不断推动一流大学的人才培养迈向新的高度。

清华大学校长
2017 年 12 月 5 日

# 丛书序二

以学术型人才培养为主的博士生教育,肩负着培养具有国际竞争力的高层次学术创新人才的重任,是国家发展战略的重要组成部分,是清华大学人才培养的重中之重。

作为首批设立研究生院的高校,清华大学自20世纪80年代初开始,立足国家和社会需要,结合校内实际情况,不断推动博士生教育改革。为了提供适宜博士生成长的学术环境,我校一方面不断地营造浓厚的学术氛围,一方面大力推动培养模式创新探索。我校从多年前就已开始运行一系列博士生培养专项基金和特色项目,激励博士生潜心学术、锐意创新,拓宽博士生的国际视野,倡导跨学科研究与交流,不断提升博士生培养质量。

博士生是最具创造力的学术研究新生力量,思维活跃,求真求实。他们在导师的指导下进入本领域研究前沿,吸取本领域最新的研究成果,拓宽人类的认知边界,不断取得创新性成果。这套优秀博士学位论文丛书,不仅是我校博士生研究工作前沿成果的体现,也是我校博士生学术精神传承和光大的体现。

这套丛书的每一篇论文均来自学校新近每年评选的校级优秀博士学位论文。为了鼓励创新,激励优秀的博士生脱颖而出,同时激励导师悉心指导,我校评选校级优秀博士学位论文已有20多年。评选出的优秀博士学位论文代表了我校各学科最优秀的博士学位论文的水平。为了传播优秀的博士学位论文成果,更好地推动学术交流与学科建设,促进博士生未来发展和成长,清华大学研究生院与清华大学出版社合作出版这些优秀的博士学位论文。

感谢清华大学出版社,悉心地为每位作者提供专业、细致的写作和出版指导,使这些博士论文以专著方式呈现在读者面前,促进了这些最新的优秀研究成果的快速广泛传播。相信本套丛书的出版可以为国内外各相关领域或交叉领域的在读研究生和科研人员提供有益的参考,为相关学科领域的发展和优秀科研成果的转化起到积极的推动作用。

感谢丛书作者的导师们。这些优秀的博士学位论文,从选题、研究到成文,离不开导师的精心指导。我校优秀的师生导学传统,成就了一项项优秀的研究成果,成就了一大批青年学者,也成就了清华的学术研究。感谢导师们为每篇论文精心撰写序言,帮助读者更好地理解论文。

感谢丛书的作者们。他们优秀的学术成果,连同鲜活的思想、创新的精神、严谨的学风,都为致力于学术研究的后来者树立了榜样。他们本着精益求精的精神,对论文进行了细致的修改完善,使之在具备科学性、前沿性的同时,更具系统性和可读性。

这套丛书涵盖清华众多学科,从论文的选题能够感受到作者们积极参与国家重大战略、社会发展问题、新兴产业创新等的研究热情,能够感受到作者们的国际视野和人文情怀。相信这些年轻作者们勇于承担学术创新重任的社会责任感能够感染和带动越来越多的博士生,将论文书写在祖国的大地上。

祝愿丛书的作者们、读者们和所有从事学术研究的同行们在未来的道路上坚持梦想,百折不挠!在服务国家、奉献社会和造福人类的事业中不断创新,做新时代的引领者。

相信每一位读者在阅读这一本本学术著作的时候,在吸取学术创新成果、享受学术之美的同时,能够将其中所蕴含的科学理性精神和学术奉献精神传播和发扬出去。

清华大学研究生院院长

2018 年 1 月 5 日

# 导师序言

很高兴能够以导师的身份为王哲的博士学位论文出版作序。

核能是一种能效高、污染小、发电量稳定的清洁能源，积极、安全、有序发展核电，是我国构建清洁能源体系、实现双碳目标的重要措施之一。核能的大规模可持续发展受制于诸多因素，其中就包括核资源的持续稳定供应与核废物安全处理。一方面，我国铀资源储量不高，品位较低，需要开发高效分离提取铀的新方法；另一方面，在铀资源的开采、加工和乏燃料后处理过程中会产生大量含铀废水，需要安全高效地处理。因此，研究铀的高效富集分离方法对发展新型铀资源提取技术和含铀废水处理技术具有重要意义，也是我们团队重要的研究方向之一。

碳点是一种新型的碳材料，尺寸只有几纳米，因其具有丰富的羧基和羟基等官能团和优良的荧光性质，在金属离子的吸附和检测领域极具应用潜力。王哲的博士学位论文创造性地将碳点及其复合材料用于水溶液中铀酰离子的选择性吸附和检测。首先研究了用传统的水热法合成的碳点对铀的荧光响应性质，建立了一种定量分析碳点与金属离子的相互作用的热力学分析方法。与此同时，发展了一种新型的基于微等离子体电化学制备碳点的方法，实现了常温常压下快速、可控、高效地制备碳点，所合成的新型碳点对铀表现出更低的荧光检出限和良好的选择性，可用于铀酰离子的检测。在此基础上，进一步利用微等离子体电化学法，将碳点原位负载于介孔二氧化硅表面，合成了碳点与介孔二氧化硅的复合材料，该材料实现了对铀的高效吸附，并可以利用荧光强度的变化对铀的吸附过程进行在线监测。

本书展示的是王哲博士学位论文工作的精华，相信能够为水溶液中铀酰离子的高效选择性吸附和在线监测技术的发展提供新的思路和材料，同时也能够为拓宽碳点和等离子体电化学制备方法在更多领域的应用提供参考。

王哲基础扎实，踏实肯干，具有很强的独立思考和创新精神，在本书的工作中善于发现和总结实验过程中出现的新奇现象,并进行深入挖掘与探索,工作特色鲜明。她现在任教于华北电力大学环境科学与工程学院。祝愿她工作顺利,再接再厉,取得更加丰硕的研究成果!

陈 靖

清华大学核能与新能源技术研究院

# 摘　要

铀的富集分离对减少环境污染和缓解铀资源短缺具有重要意义。吸附法是实现铀的富集分离的重要方法,其关键在于性能优良的吸附材料的制备。碳点是一种新型纳米碳材料,具有丰富的官能团和优良的荧光性质,在金属离子的吸附和检测领域极具潜力。本书拟设计合成一种基于碳点的材料,在吸附铀的同时,利用其荧光性质的变化实现对吸附过程的在线监测。然而,碳点对铀的荧光响应尚不明确,碳点的传统制备方法耗时、耗能,且碳点尺寸较小、不易分离。基于此,本书首先研究了碳点对铀的络合机制和荧光响应性质,随后建立了一种新型的等离子体电化学方法以快速、可控地制备碳点。在此基础上,利用等离子体法将碳点原位负载于介孔二氧化硅表面,合成碳点的复合材料,并研究了其在铀的吸附及在线监测中的应用。本书的创新性成果包括:

首先,采用传统的水热法以不同氨基酸为原料制备了 4 种氨基酸碳点,研究了它们与铀混合后的荧光响应,借助热力学分析方法,探讨了碳点和铀的络合机理。其次,建立新型等离子体电化学的方法,以柠檬酸和乙二胺为原料快速制备了荧光碳点,研究了碳点的形貌、结构和荧光性质,并将其用于铀的检测,具有较低的检出限和较好的选择性。再次,以多巴胺为原料,进一步研究了等离子体法在制备荧光碳点中的应用。发现等离子体阳极能够快速、可控地制备荧光聚多巴胺碳点,深入分析了等离子体辅助多巴胺聚合过程和机理,并将荧光聚多巴胺碳点用于铀的检测,具有较好的检测性能。最后,选取柠檬酸和乙二胺为原料,基于等离子体阳极的作用,在介孔二氧化硅的表面用一步法、原位合成了碳点/介孔二氧化硅的复合材料。表征结果显示,复合材料保留了碳点的荧光性质和二氧化硅的介孔性质,对铀具有良好的吸附性能和荧光响应,利用复合材料在吸附过程中荧光强度的变化,实现了对铀吸附过程的在线监测。

　　本书建立了一种新型等离子体电化学法用于快速制备碳点，并首次将碳点用于铀酰离子的检测，制备了基于碳点的复合材料，在用于吸附铀的同时实现了对吸附过程的在线监测。本书为碳点和等离子体方法的应用开拓了新领域，同时为铀的吸附和在线监测提供了新思路。

**关键词**：碳点；等离子体；铀检测；铀吸附

# Abstract

Enrichment and separation of uranium are of great significance for environmental decontamination, as well as addressing the shortage of uranium resources. The adsorption method stands out from various separation methods and researchers have been devoted to the search for novel materials with high-efficiency adsorption abilities. Carbon dots (CDs) are a new kind of carbon nanomaterials which contain abundant functional groups on the surface and possess excellent fluorescent properties. They have been employed for the adsorption and detection of metal ions with good performance. Herein, the carbon dots composite material was designed for the adsorption of uranium, and the changes in the fluorescent intensity of the material was applied for the online monitoring of the adsorption process. However, the fluorescent response of the CDs with uranium remains undefined. The traditional preparation method is time-consuming and energy dissipation. Besides, the small size and water solubility make the separation of CDs difficult in the adsorption experiments.

In this book, the fluorescent response of CDs after the mixing with uranium was studied first. Then a microplasma method was developed for the fast and controllable preparation of carbon dots. And on this basis, CDs were loaded on mesoporous silicas in situ with the plasma method to synthesize the composite materials. The adsorption of uranium and online monitoring the adsorption process with this composite material were also investigated. Innovative achievements of this book are summarized below.

Firstly, four kinds of different carbon dots derived from citric acid and diverse amino acids were synthesized with the hydrothermal method. And the fluorescent response of different CDs to uranium with various concentration and pH were studied. The complexing mechanism between CDs and uranium was also explored with the titration method. Then, a novel microplasma method was developed for the fast preparation of CDs with citric acid and ethylenediamine as raw materials. The morphology, structure and fluorescent property of CDs were characterized by kinds of methods. CDs were finally hired for the detection of uranium with good sensitivity and selectivity. Next, the plasma method was studied further with the dopamine as raw material. The results displayed that the plasma anode could trigger the polymerization of dopamine to form uniform fluorescent nanoparticles. The mechanism and polymerization process of dopamine were excavated with the well-designed experiment. Finally, CDs loading on mesoporous silica were synthesized in situ with the one-step plasma method. The composite material still remained the fluorescent property of CDs and the mesoporous structure of silica. They owned a higher adsorption capacity in the adsorption of uranium compared with bare silica and preserved fluorescent response towards uranium. The fluorescent intensity of the composite material changed with the adsorption of uranium, providing a convenient way for the online monitoring the adsorption process.

This book established a novel microplasma electrochemistry strategy for the fast and controllable synthesis of carbon dots, and the one-step preparation of CDs/silica composite material. CDs were applied for the detection of uranium and the composite material was used for the adsorption of uranium, as well as the online monitoring the adsorption process. This work broadened the application field of carbon dots and plasma method, and provided a new strategy for the adsorption and on-line monitoring of uranium.

**Key words:** Carbon dots; Microplasma; Uranium detection; Uranium adsorption

# 主要符号对照表

CDs           碳点
carbon dots

CA           柠檬酸
citric acid

$\varphi$           荧光量子产率
fluorescence quantum yield

ArgCDs      以精氨酸和柠檬酸为原料制备的碳点
arginine carbon dots

GlyCDs      以甘氨酸和柠檬酸为原料制备的碳点
glycine carbon dots

LysCDs      以赖氨酸和柠檬酸为原料制备的碳点
lysine carbon dots

SerCDs      以丝氨酸和柠檬酸为原料制备的碳点
serine carbon dots

EDACDs    以乙二胺和柠檬酸为原料制备的碳点
ethylene diamine carbon dots

HCDs      水热法处理乙二胺和柠檬酸制备的碳点
hydrothermal carbon dots

PDCDs     以多巴胺为原料制备的碳点
polydopamine carbon dots

PDA         多巴胺聚集体
polydopamine

$SBA\text{-}NH_2$   氨基功能化的 SBA-15 型介孔二氧化硅
Santa Barbara amorphous

PBS        磷酸盐缓冲溶液
phosphate buffer saline

M/mM            摩尔每升或毫摩尔每升
                mol/L 或 mmol/L
LOD             检出限
                limit of detection
FT-IR           傅里叶变换红外光谱仪
                Fourier transform-infrared spectroscopy
XRD/SAXRD       X-射线衍射/小角 X-射线衍射
                X-ray diffraction/small-angle X-ray diffraction
SEM             扫描电子显微镜
                scanning electron microscope
TEM             透射电子显微镜
                transmission electron microscope
AFM             原子力显微镜
                atomic force microscope
XPS             X-射线光电子能谱
                X-ray photoelectron spectroscopy
UV-Vis          紫外可见吸收光谱
                ultraviolet-visible spectroscopy
ToF-SIMS        飞行时间二次离子质谱仪
                time of flight secondary ion mass spectrometry

# 目　录

第 1 章　绪论 ·········································· 1

1.1　研究背景 ······································· 1

　　1.1.1　核电的发展与铀的开发利用 ············ 1

　　1.1.2　含铀废水的产生及危害 ················· 2

　　1.1.3　富集分离铀的意义 ····················· 3

1.2　富集分离铀的研究进展 ··················· 4

　　1.2.1　萃取法 ······························· 4

　　1.2.2　化学沉淀法 ··························· 5

　　1.2.3　离子交换法 ··························· 5

　　1.2.4　膜分离法 ····························· 5

　　1.2.5　吸附法 ······························· 6

1.3　碳点 ··········································· 14

　　1.3.1　碳点的光学性质 ······················ 16

　　1.3.2　碳点的制备方法 ······················ 20

　　1.3.3　碳点在金属离子检测中的应用 ·········· 26

　　1.3.4　碳点复合材料的制备及应用 ············ 29

1.4　常压等离子体电极 ·························· 32

1.5　研究意义和研究内容 ························ 36

第 2 章　水热法制备氨基酸碳点及其对 U(Ⅵ)的荧光响应 ·········· 38

2.1　引言 ··········································· 38

2.2　实验部分 ······································ 39

　　2.2.1　实验试剂与仪器 ······················ 39

　　2.2.2　水热法制备氨基酸碳点 ················ 40

　　2.2.3　碳点荧光量子产率的测定 ·············· 40

　　　　2.2.4　碳点对 U(Ⅵ)和其他金属离子的荧光响应 ……… 41

　　　　2.2.5　电位滴定法定量分析碳点表面的官能团 ……… 42

　　　　2.2.6　电位滴定法分析 GlyCDs 和 U(Ⅵ)的相互作用 …… 43

　　2.3　结果与讨论……………………………………………… 44

　　　　2.3.1　氨基酸碳点的制备和表征 ……………………… 44

　　　　2.3.2　碳点对 U(Ⅵ)的荧光响应性能探究 …………… 50

　　　　2.3.3　碳点对其他金属离子的荧光响应性能探究 …… 52

　　　　2.3.4　碳点与 U(Ⅵ)结合后的荧光淬灭机理 ………… 53

　　　　2.3.5　电位滴定法研究碳点与 U(Ⅵ)的相互作用 …… 56


第3章　等离子体法制备 EDACDs 及其对 U(Ⅵ)的荧光响应 … 67

　　3.1　引言……………………………………………………… 67

　　3.2　实验部分………………………………………………… 68

　　　　3.2.1　实验试剂与仪器 ………………………………… 68

　　　　3.2.2　等离子体法制备 EDACDs ……………………… 69

　　　　3.2.3　水热法制备 HCDs ……………………………… 69

　　　　3.2.4　EDACDs 在检测 U(Ⅵ)中的应用 ……………… 70

　　3.3　结果与讨论……………………………………………… 70

　　　　3.3.1　碳点的制备与表征 ……………………………… 70

　　　　3.3.2　反应机理的研究 ………………………………… 77

　　　　3.3.3　EDACDs 在检测 U(Ⅵ)中的应用 ……………… 80


第4章　等离子体法制备 PDCDs 及其对 U(Ⅵ)的荧光响应……… 84

　　4.1　引言……………………………………………………… 84

　　4.2　实验部分………………………………………………… 85

　　　　4.2.1　实验试剂和仪器 ………………………………… 85

　　　　4.2.2　等离子体阳极制备 PDCDs ……………………… 86

　　　　4.2.3　等离子体阴极辅助多巴胺聚合 ………………… 87

　　　　4.2.4　多巴胺聚合的机理研究 ………………………… 87

　　　　4.2.5　PDCDs 在检测 U(Ⅵ)中的应用 ……………… 87

　　4.3　结果与讨论……………………………………………… 88

4.3.1　PDCDs 的制备与表征 ……………………………… 88
4.3.2　多巴胺聚合机理的研究 …………………………… 93
4.3.3　PDCDs 在检测 U(Ⅵ)中的应用 ………………… 100

第 5 章　CDs/SBA-NH₂ 复合材料的制备及其在 U(Ⅵ)
吸附监测中的应用……………………………………… 103
5.1　引言 ……………………………………………………… 103
5.2　实验部分 ………………………………………………… 105
5.2.1　实验试剂与仪器 ……………………………………… 105
5.2.2　SBA-NH₂ 的制备 …………………………………… 106
5.2.3　CDs/SBA-NH₂ 复合材料的制备 ………………… 106
5.2.4　U(Ⅵ)的吸附实验 …………………………………… 107
5.2.5　U(Ⅵ)吸附过程的在线监测 ……………………… 108
5.3　结果与讨论 ……………………………………………… 108
5.3.1　CDs/SBA-NH₂ 复合材料的表征 ………………… 108
5.3.2　复合材料对 U(Ⅵ)的吸附和荧光响应 ………… 114
5.3.3　吸附过程的在线监测和选择性评价……………… 116
5.3.4　复合材料的脱附性能 ……………………………… 119

第 6 章　结论与展望……………………………………………… 121
6.1　结论 ……………………………………………………… 121
6.2　创新性 …………………………………………………… 122
6.3　展望 ……………………………………………………… 123

参考文献 ……………………………………………………………… 124

在学期间发表的学术论文……………………………………………… 143

附录 A　等离子体辅助多巴胺聚合及其在材料表面改性中的应用…… 145

致　谢 ………………………………………………………………… 157

# Contents

Chapter 1　Introduction ······················································· 1

　1.1　Research Background ·················································· 1

　　1.1.1　Development of Nuclear Power and
　　　　　Utilization of Uranium ········································· 1

　　1.1.2　Generation and Hazards of
　　　　　Uranium-Containing Wastewater ····························· 2

　　1.1.3　Significance of Uranium Enrichment and Separation ······ 3

　1.2　Research Progress on Uranium Enrichment and Separation ······ 4

　　1.2.1　Extraction Method ·············································· 4

　　1.2.2　Chemical Precipitation Method ······························ 5

　　1.2.3　Ion Exchange Method ·········································· 5

　　1.2.4　Membrane Separation Method ······························· 5

　　1.2.5　Adsorption Method ············································· 6

　1.3　Carbon Dots ····························································· 14

　　1.3.1　Optical Properties of CDs ····································· 16

　　1.3.2　Preparation Method of CDs ··································· 20

　　1.3.3　Application of CDs in Metal Ion Detection ··············· 26

　　1.3.4　Preparation and Application of CDs Composites ········· 29

　1.4　Atmospheric Pressure Microplasma Electrode ·················· 32

　1.5　Significance and Content of the Research ······················· 36

Chapter 2　Hydrothermal Preparation of Amino Acid Carbon Dots and
　　　　　their Fluorescence Response to U(Ⅵ) ······················· 38

　2.1　Introduction ····························································· 38

　2.2　Experimental Section ·················································· 39

　　2.2.1　Experimental Reagents and Apparatus ···················· 39

2. 2. 2   Preparation of Amino Acid CDs With
          Hydrothermal Method ·················· 40

2. 2. 3   Fluorescence Quantum Yield Determination of CDs ··· 40

2. 2. 4   Fluorescence Response of CDs to
          U(Ⅵ) and Other Metal Ions ·················· 41

2. 2. 5   Quantification of Functional Groups on CDs
          Surface by Potentiometric Titration ·················· 42

2. 2. 6   Interaction of GlyCDs and U(Ⅵ) by
          Potentiometric Titration ·················· 43

2. 3   Results and Discussion ·················· 44

2. 3. 1   Preparation and Characterization
          of Amino Acid CDs ·················· 44

2. 3. 2   Investigation of the Fluorescence
          Response Performance of CDs to U(Ⅵ) ·················· 50

2. 3. 3   Investigation of the Fluorescence Response
          Properties of CDs to Other Metal Ions ·················· 52

2. 3. 4   Fluorescence Quenching Mechanism of
          CDs After Binding to U(Ⅵ) ·················· 53

2. 3. 5   The Interaction of CDs With U(Ⅵ)
          by Potentiometric Titration ·················· 56

Chapter 3   Preparation of EDACDs by Microplasma Method and
            Their Fluorescence Response to U(Ⅵ) ·················· 67

3. 1   Introduction ·················· 67

3. 2   Experimental Section ·················· 68

3. 2. 1   Experimental Reagents and Apparatus ·················· 68

3. 2. 2   Preparation of EDACDs With Microplasma Method ··· 69

3. 2. 3   Preparation of HCDs by Hydrothermal Method ·········· 69

3. 2. 4   Application of EDACDs in U(Ⅵ) Detection ·················· 70

3. 3   Results and Discussion ·················· 70

3. 3. 1   Preparation and Characterization of CDs ·················· 70

3. 3. 2   Study of the Reaction Mechanism ·················· 77

3. 3. 3   Application of EDACDs in U(Ⅵ) Detection ·················· 80

**Chapter 4**    **Preparation of PDCDs by Microplasma Method and Their**

**Fluorescence Response to U(Ⅵ)** ·················· 84

4. 1    Introduction    ······················· 84

4. 2    Experimental Section    ···················· 85

4. 2. 1    Experimental Reagents and Apparatus    ············ 85

4. 2. 2    Preparation of PDCDs With Microplasma Anode    ······ 86

4. 2. 3    Dopamine Polymerization Assisted

With Microplasma Cathode    ·················· 87

4. 2. 4    Mechanistic Study of Dopamine Polymerization    ········· 87

4. 2. 5    Application of PDCDs in U(Ⅵ) Detection    ············ 87

4. 3    Results and Discussion    ···················· 88

4. 3. 1    Preparation and Characterization of PDCDs ············ 88

4. 3. 2    Study of The Mechanism of

Dopamine Polymerization    ·················· 93

4. 3. 3    Application of PDCDs in U(Ⅵ) Detection    ············ 100

**Chapter 5**    **Preparation of CDs/SBA-NH$_2$ Composites and Their Application**

**in U(Ⅵ) Adsorption Monitoring** ·················· 103

5. 1    Introduction    ······················· 103

5. 2    Experimental Section    ···················· 105

5. 2. 1    Experimental Reagents and Apparatus    ············ 105

5. 2. 2    Preparation of SBA-NH$_2$    ·················· 106

5. 2. 3    Preparation of CDs/SBA-NH$_2$ Composites    ··········· 106

5. 2. 4    U(Ⅵ) Adsorption Experiments    ·················· 107

5. 2. 5    Online Monitoring of U(Ⅵ) Adsorption Process    ······ 108

5. 3    Results and Discussion    ···················· 108

5. 3. 1    Characterization of CDs/SBA-NH$_2$ Composites    ········· 108

5. 3. 2    Adsorption and Fluorescence Response

of Composites to U(Ⅵ)    ·················· 114

5. 3. 3    Online Monitoring and Selectivity

Evaluation of Adsorption Processes    ·················· 116

5. 3. 4    Desorption Properties of the Composites    ············ 119

**Chapter 6     Conclusion and Outlooks** ·················································· 121

      6. 1     Conclusion ·················································· 121

      6. 2     Innovativeness ·················································· 122

      6. 3     Outlooks ·················································· 123

**References** ·················································· 124

**Academic Papers and Research Achievements During the Ph. D. Period** ······ 143

**Appendix A     Microplasma-Assisted Dopamine Polymerization and Its Application in Material Surface Modification** ···················· 145

**Acknowledgements** ·················································· 157

# 第1章 绪 论

## 1.1 研究背景

### 1.1.1 核电的发展与铀的开发利用

随着我国社会主要矛盾的转变,人们对于环境和能源的需求日益增长。党的十九大指出,改善能源结构,发展清洁能源、绿色能源是建设美丽中国、推进生态文明建设的重要举措。核能作为清洁高效的低碳能源,已经成为能源可持续发展的重要组成部分[1]。"十二五"期间,我国核电装机总量由2010年的1082万kW增加到了2015年的2717万kW,增幅高达150%,取得了丰硕的成果。根据《"十三五"核工业发展规划》,我国将继续安全高效地发展核电,预计到2020年,我国核电的运行和在建装机量将达到8800万kW。此外,经济合作与发展组织和国际能源署联合预测显示,到2050年,全球核电发电量在世界发电总量中的比重将由目前的11%增长到17%,而我国目前的核电发电量仅占总发电的3%左右,因此,安全高效地发展核电势在必行。

作为核电的主要原料,铀资源的供应成为我国核电健康发展的重要保障。随着我国逐步向"核电强国"迈进,核反应堆对天然铀的需求将显著增加[3-4]。*Uranium 2016:Resources,production and demand* 报告显示,到2020年,我国对天然铀的年需求量将达到10 100~12 000 t,之后将持续攀升,预计到2035年达到14 400~20 500 t[2]。然而,与其他国家相比,我国仍属于贫铀国。截至2013年1月,我国已探明的采矿成本低于130 \$/kg的铀矿资源为19.9万t,仅占全球份额的3%[5],之后随着采矿技术的发展和政府的资金投入,到2015年1月,此数据增加到27.3万t,然而也仅占全球份额的5%。此外,我国铀的年产量在世界范围内占比很低。如图1-1所示,2014年我国铀的产量仅为1550 t,占世界产量的3%,而当年我国正在运行的23座核电站的铀需求量高达4200 t[2]。因此,铀资源的开采和生产将在未来很长一段时间内成为制约我国核电发展的重要因素。

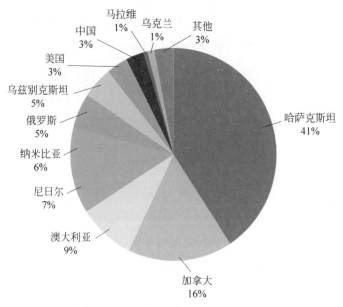

**图 1-1　2014 年全世界铀资源的生产量(55 975 t)**[2]

## 1.1.2　含铀废水的产生及危害

核电的发展更像是一把"双刃剑",作为一种高效的可再生能源,它在为人类提供清洁能源的同时也产生了潜在危害。核电的发展必然会产生大量的放射性废物和废水,它们对环境和人类的威胁不容忽视[6]。此外,世界核电发展史上的 3 次严重事故,即 1979 年美国的三里岛核事故、1986 年苏联的切尔诺贝利事故和 2011 年日本的福岛事故均使大量放射性核素外泄,对周边的环境和动植物造成了严重的影响,给人类以沉痛的教训[7]。

作为核电站运行的主要燃料,铀是核电发展过程中涉及最多的放射性核素。它是自然界中存在的最重的元素,具有重金属元素的化学毒性和放射性核素的辐射毒性。重金属的化学毒性主要表现在它参与生物大分子的形成,会对蛋白质的结构造成不可逆的破坏,进而影响器官、诱发疾病[8]。同时,铀可以释放 α 射线,在天然铀的衰变过程中,一些子体也会释放 β 射线和 γ 射线,具有辐射毒性[9]。天然铀包括 99.3% 的 $^{238}U$,0.7% 的 $^{235}U$ 和可以忽略不计的 0.005% 的 $^{234}U$,其中占主要成分的 $^{238}U$ 的半衰期长达45 亿年[10],这意味着 $^{238}U$ 的放射性基本不会随着时间的变化而衰变,一旦进入人体或其他动植物体内将无法清除,持久危害动植物的健康。铀的辐射毒性的表现方式可以分为外照射和内照射,当铀在土壤中以固体形态存在时,很难通过皮肤进入人体,此时铀释放的 α 射线辐射距离短,穿透能力差,危害比较小。而铀的衰变子体所释放的具有穿透能力强、辐射范围广的少量 β 射线会对人体产生较大危害。当铀通过口腔或呼吸道进入人体内部后,其释放的 α 射线会对人体产生内照射,破坏人体的组织、器官和骨骼,且破坏的累积性会严重影响人体健康[11]。因此,铀的污染和危害备受关注。

含铀废水主要来源于铀矿开采和加工,核电站运行和事故泄漏,以及贫铀武器的使用。

随着核电发展对铀需求量的增加,铀矿的开采和加工力度也逐年加大,在此过程中会产生大量的放射性废气、废液和废渣。由于地质条件的差异,在开采时铀矿会发生渗水等现象,且开采的废矿石经过雨水的冲刷后会产生大量含铀废水,进入土壤进而污染地下水和地表水。此外,在铀矿加工过程中对设备的清洗等也会产生大量的含铀废水[12]。在铀矿开采过程中产生的含铀废水浓度约为 5 mg/L,是普通河流含铀量的 1000 多倍[13],这些废水一旦进入人体,产生的内照射将会严重影响人体健康。

核电站的正常运行过程也会产生大量含铀废水。在核设施的清洗、管道的维修,以及核燃料的循环过程中均有大量含铀废水产生。这些废水如果处理不当同样会对人体和环境带来危害[14]。此外,在意外的核事故过程中也会使大量含铀废水外泄。如 2011 年福岛核电站由地震引起的海啸,导致反应堆内的放射性物质大量外泄[7],收集的放射性废水需要超过 20 年的时间进行集中处理[15],同时外泄到海洋中的放射性核素也对海洋动植物造成了严重影响。

贫铀武器的使用也带来了很多含铀废水,贫铀是指将天然铀中非常有价值的 $^{235}$U 提取后剩余的大部分 $^{238}$U 的产物,其放射性活度仅为天然铀的 60% 左右,然而其稳定性也大大降低[8]。贫铀因密度高、价格低被广泛应用于军事领域,如在 1991 年的海湾战争中,美国使用的贫铀武器使很多人患上疾病,也污染了当地的土壤和水体[11-12]。

## 1.1.3　富集分离铀的意义

由此可见,通过对含铀废水中的铀的富集分离是降低铀污染的有效途径,同时对回收的铀加以循环利用,也能进一步缓解我国铀资源不足的紧张局面。

含铀废水可以通过地球循环系统进入生物圈,以饮用水和食物链等途径威胁生态环境,以及人类和动植物的健康。在水中,铀的存在形式主要有四价铀(Ⅳ)和六价铀(Ⅵ)。其中,四价铀(Ⅳ)容易与水中的无机碳络合成沉淀而析出,六价铀(Ⅵ)则以铀酰离子($UO_2^{2+}$)的形式溶于水中进行迁移[16]。世界卫生组织(World Health Organization,WHO)建议含铀废水的排放标准为小于 2 μg/L,美国国家环境保护局(U. S. Environmental Protection Agency,EPA)规定铀含量应小于 30 μg/L,我国的排放标准为铀含量小于 50 μg/L[17]。然而,通常的含铀废水中的铀浓度远高于此标准,因此对废水中铀的富集分离是保障生态平衡、保证人体健康安全的重要途径。

另外,从核燃料循环和铀资源匮乏的角度,富集分离废水中的铀也具有重大意义。面对铀资源的短缺,我国目前积极利用"两个市场,两种资源",在实施"走出去"战略的同时积极寻找更多铀资源。除了常见矿石中含有丰富的铀资源外,海洋和内陆盐湖也蕴藏着丰富的铀资源[18]。据报道,海洋中铀的浓度约为 3.3 μg/L,总储铀量超过 40 亿 t[19],内陆盐湖的储铀潜力也高达 10.31 万 t[20]。因此,将铀从较低浓度的水体中富集分离已然成为缓解上述短缺的有效方法。而在核燃料循环的过程中,我国每年产生的含铀废水量也很大,且含铀废水中的铀浓度远高于海水和盐湖。因此,从废水中富集分离铀也是减轻我国铀资源压力的有效方法之一。

## 1.2　富集分离铀的研究进展

目前,从含铀废水中实现铀的富集分离的方法多种多样,例如萃取法、化学沉淀法、离子交换法、膜分离法和吸附法等。

### 1.2.1　萃取法

萃取法是通过溶液中的萃取机理实现对含铀废水中铀的萃取分离的,此方法主要利用铀在不同溶剂中的分配系数的不同进行富集分离。常见的萃取剂有很多,如乏燃料后处理中的 PUREX 流程常用的各种有机磷配体(磷酸三丁酯 TBP、三辛基氧化膦等)[19]、双亚砜[21]、席夫碱冠醚[22] 等。近年来,研究学者又将目光投向离子液体这种蒸气压低、热稳定性好的绿色液体。Ramzi 等[23]利用一种新型的无氟离子液体同时作为萃取剂和有机溶剂,考察了 3 种离子液体在不同浓度的硝酸条件下对铀的萃取效率,实现了在 7 mol/L 的硝酸浓度下对铀的高效萃取,萃取效率高达 98.6%。

萃取法具有能耗低、操作连续和可以适应强酸性环境等优点,同时也存在高纯溶剂的消耗量大、溶剂后处理困难和萃取时间长等缺点。

## 1.2.2　化学沉淀法

化学沉淀法又称"絮凝沉淀法",其向含铀废水中加入一定量的化学絮凝剂,使水中的胶体失去平衡,聚集成沉淀物质进而从溶液中分离出来。该方法主要利用了化学沉淀剂的吸附架桥、电中和等作用。常用的絮凝剂有氢氧化镁、氯化铁等沉淀剂。罗明标等[24]采用氢氧化镁和白云石为沉淀剂处理废水中的铀,具有良好的效果,处理后废水中铀的含量低于 0.05 mg/L,达到了我国对含铀废水排放的要求。然而,处理后的水中含有大量硫酸镁,文献中也表示对硫酸镁的处理问题尚待解决。

化学沉淀法操作简单,对含铀废水的处理量大而且技术、设备也比较成熟。但在此过程中会产生较多的放射性污泥,导致二次污染,且有些化学沉淀剂的选择性较差,会将水中的其他离子沉淀出来,对铀的分离不彻底,一般不适用于低浓度含铀废水的处理。

## 1.2.3　离子交换法

离子交换法是一种常用的重金属离子去除方法,其原理是通过铀与有机或无机的离子交换剂之间的相互交换作用而实现对铀的固定和去除的效果。常用的离子交换树脂由树脂本体和功能化的活性基团两部分组成,活性基团能够从周围环境中交换铀。James 课题组[25]合成了一系列线型聚胺功能化的阴离子交换树脂,并将其成功用于去除硫酸介质中的铀,文章研究了不同硫酸浓度对去除率的影响,且去除率可达到 95%,负载量高达 269.5 mg/g,然而在铀矿的开采过程中,在有 $Fe^{3+}$ 和 $Cl^-$ 共存时的离子交换行为尚未研究。

离子交换法具有操作简单、去除率高和能耗低等优点,但在实际应用中离子交换法表现出对原水水质要求高、离子交换剂再生和处置困难,以及抗辐射能力不高等问题。

## 1.2.4　膜分离法

膜分离法主要利用渗透性原理,以温度差、压力差、电位差等作为动力而实现对含铀废水的富集分离。该方法是近年来研究较多的含铀废水处理技术。膜分离法的技术主要有渗透法、反渗透法、纳滤、微滤、超滤和电渗析等。Helfrid 等[26]利用纳滤膜和反渗透膜去除饮用水中的铀,讨论了不同 pH 值和压力对铀的存在形式与分离效果的影响。文章指出,铀在膜上的存在形态不仅取决于溶液 pH 值的变化,还与膜孔径的大小和膜的带电状态等有关,此外,膜使用寿命的不稳定性也是有待改善的问题之一。

膜分离法具有设备成熟、操作简单、能耗低等优点,可能成为处理含铀废水的一种高效、经济、可靠的方法。然而该方法的处理效果受诸多因素的影响,且一些膜技术存在处理量小、容易结垢的缺陷。

### 1.2.5　吸附法

吸附法是将具有吸附性能的吸附剂与铀相互作用,两者之间通常以范德华力、静电引力或者化学键力进行结合,从而达到对铀的富集分离的目的。吸附法由于具有效率高、占用空间小、不产生污泥、工艺简单等优点备受国内外学者的青睐[27]。此外,吸附法适用于大体积且含铀浓度较低的体系,它在海水提铀领域已经得到了广泛的应用,被认为是最有前景的海水提铀技术[28]。因此,吸附法同样适用于从含铀废水中富集分离铀。

其中,吸附剂的性质是影响吸附效果的重要因素,稳定、高效的吸附材料,以及将材料的吸附性能和其他性能相结合的新型吸附材料的研发,仍然是制约吸附法发展的主要因素。性能较好的吸附材料应该具有吸附时间短、吸附容量高、吸附选择性好、机械性能高、化学稳定性好等优点。目前,常用的吸附材料有生物类材料、介孔硅、金属有机框架材料和碳材料等。

#### 1. 生物类材料

生物类材料是利用生物质与铀的吸附结合能力而实现对废水中 U(Ⅵ)的富集分离的材料,它是一种来源广泛、环境友好、低成本的吸附材料。随着吸附技术的发展,生物材料的种类也从酶、细菌、真菌、藻类等微生物扩展到了植物树叶、秸秆、壳聚糖等天然生物材料[29]。

细菌、真菌、藻类等微生物材料与铀的相互作用一般是通过生物还原[30-31]、生物矿化[32]、生物吸附[33]和生物积累[34]等方式完成的。其中,生物吸附铀的机理主要包括细胞壁表面的静电吸附和细胞壁上含有的羟基、羧基、氨基,以及磷酸基等官能团与铀的化学吸附,如图 1-2 所示[35]。相较于生物还原和生物累积等方式,生物吸附更适合处理低浓度的含铀废水是因为将铀吸附于细胞表面要比吸附在细胞内部更快,而且更容易实现铀的洗脱和生物吸附剂的再生循环[35]。Wang 等[36]研究了活的和热灭活的啤酒酵母细胞对铀的吸附性能及作用机理。通过扫描电镜、X 射线光电子能谱和红外光谱的表征发现,活细胞与铀的相互作用是依赖于新陈代谢而进行的。为了缓解铀中毒,活细胞会释放磷将六价铀(Ⅵ)还原成四价铀(Ⅳ),这种代谢解毒的自我保护机制对铀迁移的研究很有意义。而热灭活细胞与铀的作用机理则不依赖于新陈代谢,而是以化学吸附进行的。在高温处理过程中,细胞膜的破裂致使细胞内很多含磷官能团被释放,而且这些破裂的热灭活细胞具有较大的比表面积,使它在低生物量浓度和高酸度条件下对铀的吸附量(94.9 mg/g)远高于活细胞的吸附量(3.2 mg/g)。因此,热灭活的酵母细胞是一种更好的去除铀的生物吸附剂。

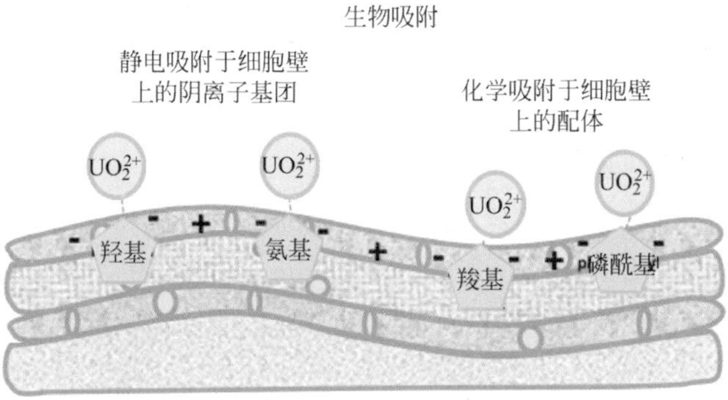

图 1-2　微生物细胞和铀的相互作用示意图

Reprinted with permission from Ref. [35]. Copyright 2014, Elsevier.

植物类树叶、秸秆、壳聚糖等也是目前研究较多的生物吸附材料。构成这些材料的主要成分如木质素、纤维素和半纤维素中含有很多能够与 U(Ⅵ)发生配位络合作用的官能团。其中,壳聚糖及其功能化的物质已经广泛应用于铀的吸附分离过程。自然界中的几丁质(壳多糖)脱乙酰基团即可得到壳聚糖(图 1-3),其上含有大量的羟基和氨基,在溶液中可以和 U(Ⅵ)发生配位络合作用。壳聚糖由于成本较低、来源广泛、亲水性好、抗菌性能好、可降解等优点而备受关注。一般认为,生物材料吸附金属离子的机理有物理吸附、离子交换、络合作用和微量沉淀等[37]。Sohbatzadeh 等[38]制备了恶臭假单胞菌细胞功能化的壳聚糖并研究了这种生物材料对铀的吸附机理。结果表明,在壳聚糖上功能化细胞后,其对铀的吸附容量由 141.9 mg/g 增加到 181.8 mg/g。对铀的脱附实验表明,壳聚糖功能化细胞以后的吸附机理主要是通过离子交换和络合作用进行的。

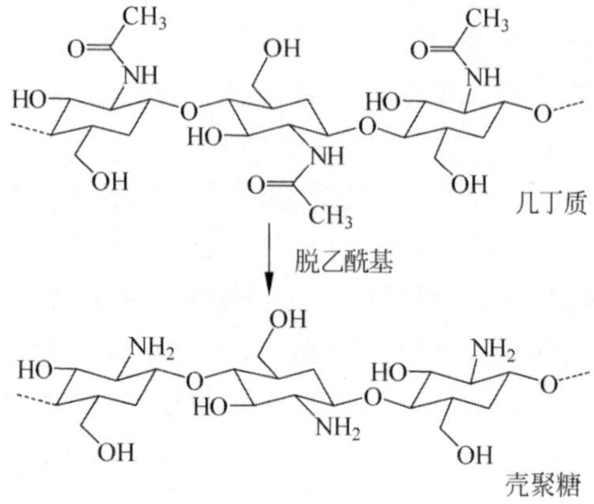

**图 1-3　几丁质脱乙酰基获得壳聚糖的示意图**

### 2. 介孔硅

介孔硅材料由于大的比表面积、有序的空间结构和规则且可调的孔道尺寸而闻名，其孔道尺寸一般在 2～50 nm，表面含有大量的硅羟基 Si—OH，可作为客体分子的结合位点，也可作为活性位点实现对介孔硅表面的化学修饰和功能化[39]。早在 1998 年，就有研究组将硫醇功能化的 MCM-41[40] 和 HMS[41] 系列介孔硅用于吸附废水中的重金属离子。在此之后，功能化的介孔硅成为吸附废水中的金属离子的备选材料。

目前常用于作吸附材料基底的介孔硅有 MCM-48、MCM-41（mobile crystalline material）、HMS（hexagonal mesoporous silicas）和 SBA-15（Santa Barbara amorphous）等，其中 MCM-41 具有六边形的长孔道结构（图 1-4），MCM-48 是立方体的孔道结构，HMS 和 SBA 的孔道也均呈六角形排列。MCM 系列介孔硅的孔道尺寸较小，一般在 1.5～10 nm 不等，但也比常见的晶体材料如沸石的孔道稍大，因此在催化、化学分离、吸附等方面得到了广泛的应用。相比之下，SBA 系列介孔硅具有较大的孔道尺寸和较短的通道，根据模板剂等制备方法的不同，其孔道结构分布在 4～30 nm[42]。大孔道和短通道的结构意味着官能团易于修饰，且修饰后仍能保留孔道结构，因此 SBA 系列介孔硅在铀的吸附方面应用更多。为进一步提高介孔硅对铀的吸附性能，很多学者以介孔硅为基底，在其表面修饰各种对铀具有优异配位能力的化合物，如胺肟、膦酸和咪唑等功能性物质，用于含铀废水中铀的吸附分离过程。表 1-1 列出了部分功能化的介孔硅在铀吸附中的应用实例。

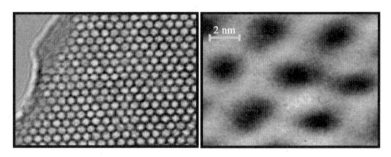

图 1-4　MCM-41 孔道结构的高分辨透射电子显微镜照片

表 1-1　不同介孔硅基吸附材料对铀的最大吸附容量

| 吸 附 材 料 | 吸附实验条件 | 吸附容量/(mg/g) |
|---|---|---|
| 席夫碱功能化 SBA-15[43] | pH=4.0,室温 | 110 |
| 胺肟功能化介孔硅球[44] | pH=7.0,$T$=293 K | 173 |
| 离子印记介孔硅[45] | 1 mol/L HNO$_3$,$T$=298 K | 80 |
| 多巴胺功能化 SBA-15[46] | pH=6.0,$T$=298 K | 196 |
| 不同氨基功能化 SBA-15[47] | pH=6.0,$T$=293 K | 573 |
| 磷酰基功能化 SBA-15[48] | pH=5.0,$T$=288 K | 198 |
| 氨基功能化的 MCM-41[49] | pH=5.6,$T$=298 K | 387 |
| 聚丙烯亚胺功能化磁性介孔硅[50] | pH=9.6,地下水 | 133 |

### 3. 金属有机框架材料

金属有机框架(metal-organic framworks,MOFs)材料是一种由有机配体和金属离子或金属团簇以配位作用结合而成的,具有分子内空隙的杂化材料。近年来,MOFs 由于具有多孔性和大的比表面积,以及多样化的有机配体而广泛应用于金属离子的吸附领域。Carboni 所在的课题组[51]首次将 MOFs 用于铀的吸附,他们通过在苯甲酸中加热氯化锆(ZnCl$_4$)和二乙氧基异氰酸膦酯制备了名称为“UiO-68”的 MOFs。UiO 系列的 MOFs 以其出众的水热稳定性和化学稳定性而闻名,它最早是由挪威奥斯陆大学的 Cavaka 课题组[52]在 2008 年合成的,他们用氯化锆(ZnCl$_4$)和对苯二甲酸为配体合成了刚性骨架材料,命名为“UiO-66”,其中

"UiO"是"University of Oslo"的缩写[53]。Carboni 等制备的 UiO-68 对铀的吸附容量为 217 mg/g，并且通过离散傅里叶变换（discrete Fourier transform，DFT）的拟合发现，其吸附机理是由于 MOFs 上的两个磷酰氧基团和铀酰离子的络合作用（图 1-5(a)）[51]。ZIF-8 是 2-甲基咪唑和 $Zn^{2+}$ 之间配位自组装而成的一种常用 MOFs，由于杰出的化学稳定性、多孔性和高比表面积，其也被用于吸附材料。Xue 等[54]合成了 $Fe_3O_4$@ZIF-8 的磁性复合材料，用于吸附水中的铀酰离子，吸附实验表明此材料对铀酰离子的吸附容量高达 523.5 mg/g。由于是磁性材料，分离比较容易，而且在 pH=3 时能够实现对 $UO_2^{2+}/Ln^{3+}$ 的选择性分离。

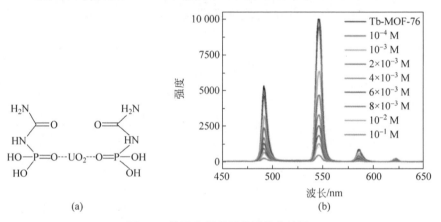

(a)　　　　　　　　　　　(b)

**图 1-5　铀酰离子的配位及荧光性质**

（a）铀酰离子和两个磷酰氧基团结合示意图（Reprinted with permission from Ref. [51]. Copyright 2013，Royal Society of Chemistry）；（b）Tb-MOF-76 在不同浓度 $UO_2^{2+}$ 下的荧光光谱图（Reprinted with permission from Ref. [55]. Copyright 2017，American Chemical Society）

另外，一些研究学者用有荧光的金属离子制备荧光 MOFs，利用这种 MOFs 与铀相结合后其荧光被铀淬灭的性质，实现对铀的检测。石伟群课题组[55]用镧系离子铽（$Tb^{3+}$）和均苯三甲酸合成了一种发绿色荧光的吸附材料（Tb-MOF-76），该材料在 pH=3 时对铀的吸附容量为 298 mg/g，相较于其他金属离子，在 pH=2.5 时对铀酰离子具有优异的选择性。而且在吸附铀酰离子以后，其荧光会发生淬灭，如图 1-5(b)所示，随着铀浓度的增加，吸附材料的荧光被淬灭的程度也逐渐增大，可用于检测溶液中的铀酰离子。

**4. 碳材料**

近年来,碳材料在铀的吸附分离方面得到了广泛的关注。由于具有较大的比表面积、优异的机械性能、较高的化学稳定性和辐照稳定性等优点,碳材料在放射性核素分离领域具有很大的优势。此外,碳材料的表面一般含有丰富的含氧官能团,在作为吸附位点的同时也进一步为化学修饰和功能化提供了活性位点,很多课题组已经制备了基于介孔碳、碳纳米管和石墨烯等具有优异吸附性能的功能化吸附材料。

1) 介孔碳

介孔碳是一种孔道尺寸分布在 $2\sim50$ nm 的多孔碳,其比表面积巨大,可达 2500 $m^2/g$[56]。介孔碳由于均匀的孔径分布、较大的孔体积和易于调节的孔尺寸而成为研究的热点。一般来讲,介孔碳本身对铀没有选择性吸附的能力,然而在对其表面功能化或接枝功能性的分子或官能团之后,可以提高介孔碳对铀的吸附容量和选择性。因此,介孔碳在放射性核素铀的富集分离中也有一定的应用前景。

Tian 所在的课题组[57]合成了肟功能化的 CMK-5 系列介孔碳,由于肟本身对铀酰离子有良好的配位作用,功能化后的介孔碳对铀酰离子的吸附性能有所增加,在 pH=5 的溶液中对 U(Ⅵ) 的吸附容量为 64.66 mg/g。当有其他金属离子存在时,肟的功能化也进一步提高了介孔碳对铀酰离子的选择性。Nie 等[58]利用硬模板法制备了 CMK-3 的介孔碳,所制备的介孔碳的比表面积、孔体积和孔径分别为 1143.7 $m^2/g$、1.10 $cm^3/g$ 和 3.4 nm,比表面积和孔体积很大。将此方法制备的介孔碳用于对铀的吸附,发现其在 35 min 之内即可达到吸附平衡,且在 pH=6 时对铀的最大吸附容量为 117.81 mg/g。Husnain 等[59]将介孔碳与磁性材料相结合,制备了磷酸酯接枝的超顺磁介孔碳材料。他们将 CMK-3 的介孔碳与 $FeCl_3$ 共混,原位制备超顺磁 $Fe_3O_4$ 负载的介孔碳;之后在其表面接枝了磷酸酯功能性分子,并将此复合材料用于溶液中铀酰离子的吸附。图 1-6 是此介孔碳复合材料与铀酰离子的相互作用示意图,实验发现其最大吸附容量为 150 mg/g,且用 0.5 M $HNO_3$ 溶液对吸附铀以后的材料进行洗脱之后,可以实现再生循环利用。

2) 碳纳米管

碳纳米管是近年发展起来的一种纳米碳材料,它可定义为由碳的六元环构成的类石墨平面,进一步卷曲成中空的筒柱状结构的材料,是一种典型

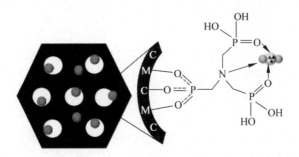

**图 1-6　磷酸酯接枝的介孔碳磁性材料与铀的相互作用示意图**

Reprinted with permission from Ref. [59]. Copyright 2017, American Chemical Society.

的一维碳纳米材料。碳纳米管以其优异的机械性能、轻质、大比表面积，以及良好的化学稳定性和热稳定性而备受推崇。碳纳米管作为核素的吸附剂，有管壁曲率和比表面积较大、纳米孔隙结构致密、管体表面有序、易于被修饰，以及辐射稳定性较好等优点，因此在放射性核素铀的富集分离领域显示出独特的优势。

早在 2009 年，Schierz 等[60]就已首次将酸处理后的碳纳米管应用于溶液中铀的吸附分离领域。他们将市售的碳纳米管在浓硝酸和硫酸的混合溶液中加热，各种表征证明酸处理后的碳纳米管的表面增加了很多羧基和羟基等含氧官能团，而且酸处理后的碳纳米管对铀的吸附容量明显增加。由于碳纳米管自身的官能团很少，在水中的分散性也较差，需要对其进行化学修饰和功能化以提高对铀的吸附性能。Wang 所在的课题组[61]通过等离子体技术将胺肟成功接枝在碳纳米管表面并研究了对铀的吸附性能。胺肟是一种对铀具有良好络合作用的配体，在实验发现功能化胺肟以后，碳纳米管对铀的最大吸附容量提高到 145 mg/g(pH＝4.5)。宋扬等[62]采用原子转移自由基聚合的方法，将聚甲基丙烯酸缩水甘油酯在碳纳米管表面功能化，进而用于废水中铀的吸附分离，功能化后的碳纳米管对铀的去除率高达 93.9%，吸附容量达到 192.9 mg/g，是纯碳纳米管的 15 倍之多。Mishra 等[63]借助浮游催化化学气相沉积的方法，在碳纳米管表面成功接枝了磷酸三丁酯(tri-n-butyl phosphate，TBP)，见图 1-7。对铀的吸附实验发现，其模型符合准二级吸附动力学，且在接枝 TBP 后，碳纳米管对铀的吸附容量由未接枝前的 66.6 mg/g 提升到 166.6 mg/g。另外，用 0.1 mol/L 的盐酸即可实现对铀的洗脱和碳纳米管的循环利用。

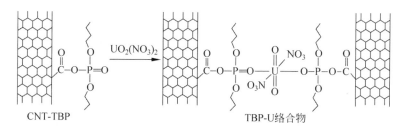

**图 1-7　磷酸三丁酯(TBP)修饰的碳纳米管吸附铀的示意图**

Reprinted with permission from Ref. [63]. Copyright 2016, Royal Society of Chemistry.

### 3) 石墨烯

石墨烯是单层或几层的碳原子通过 $sp^2$ 杂化而形成的二维晶体材料,其形状类似六角形的蜂巢,是石墨、碳纳米管,以及富勒烯等碳材料的基本组成结构,拥有非凡的物理化学性质[64]。最常用的石墨烯的制备方法是 Hummers 法,此方法在剥离石墨的过程中会产生石墨烯的重要衍生物——氧化石墨烯。氧化石墨烯表面含有丰富的含氧官能团,经 XPS、FT-IR 和 NMR 等表征显示其边缘含有羧基、羰基和羟基等官能团,在水中具有良好的分散性[65],因此氧化石墨烯在铀的吸附分离领域拥有广阔的应用前景。此外,丰富的官能团也为石墨烯的进一步功能化提供了大量的活性位点,提升了石墨烯对铀的吸附性能。

石墨烯具有优异的机械性能和超大的比表面积,其理论比表面积高达 $2630\ \mathrm{m^2/g}$[66]。王祥科课题组[67]首次将石墨烯引入铀的富集分离领域,他们采用传统的 Hummers 法制备了少层氧化石墨烯,并对 U(Ⅵ) 的吸附性能进行了表征研究,实验发现在 pH=5、温度为 293 K 的条件下,此石墨烯纳米片对铀的吸附容量为 98 mg/g,明显高于氧化碳纳米管等碳材料。为提高石墨烯对铀的吸附容量和选择性能,研究学者合成了很多功能化的石墨烯用于铀的吸附。表 1-2 列出了不同石墨烯基的复合材料对铀的吸附性能。

**表 1-2　不同石墨烯基的吸附材料对铀的最大吸附容量**

| 吸　附　剂 | 实　验　条　件 | 吸附容量/(mg/g) |
|---|---|---|
| 少层氧化石墨烯[67] | pH=5,$T$=293 K | 98 |
| 单层氧化石墨烯[68] | pH=4,$T$=293 K | 299 |
| 三聚氰胺功能化 3D 石墨烯[69] | pH=6,$T$=298 K | 405 |
| 钨铁矿/氧化石墨烯[70] | pH=6,室温 | 455 |

续表

| 吸　附　剂 | 实　验　条　件 | 吸附容量/(mg/g) |
|---|---|---|
| UiO-66/氧化石墨烯[71] | $pH=8, T=298\ K$ | 1012 |
| 半胱氨酸酰胺/石墨烯[72] | $pH=5, T=298\ K$ | 338 |
| 壳聚糖/氧化石墨烯[73] | $pH=5, T=298\ K$ | 320 |
| 磺化的氧化石墨烯[74] | $pH=6, T=298\ K$ | 309 |
| 胺肟/3D 氧化石墨烯[75] | $pH=6, T=298\ K$ | 398 |
| 聚乙烯亚胺/3D 氧化石墨烯[76] | $pH=6, T=298\ K$ | 898 |
| 聚丙烯酰胺接枝石墨烯[77] | $pH=5, T=295\ K$ | 166 |
| 负载 TBP 的石墨烯气凝胶[78] | $3\ mol/L\ HNO_3$ | 316 |

# 1.3　碳　　点

碳点是继富勒烯、碳纳米管和石墨烯后被发现并广泛应用的一种新型荧光碳纳米材料(图 1-8)。早在 2004 年,Xu 等[79]就在分离碳纳米管时首次发现了碳点,两年后由美国的 Sun 博士等[80]正式命名为"碳基纳米点"(简称"碳点",C-dots,CDs)。自此,碳点吸引了来自全世界不同领域的研究学者的目光。

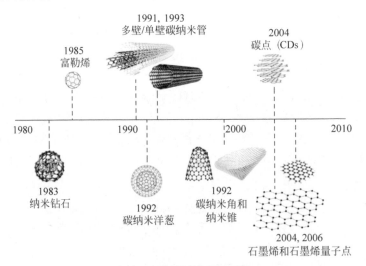

**图 1-8　碳材料的发展历程**

Reprinted with permission from Ref. [81]. Copyright 2017, Elsevier.

　　碳点一般是直径小于 10 nm 的类球形碳基纳米材料,其元素和官能团的种类及含量可以根据制备原料和制备方法的不同而变化,它可以在溶剂中均匀分散。其结构可以是 $sp^2$ 杂化的类石墨烯晶型的碳骨架,也可以是 $sp^3$ 杂化的无定型碳结构[85]。在碳点的制备、发展和应用过程中,根据结构和制备方法等的不同,碳点可以细分为石墨烯量子点、碳基量子点和聚合物点[82]。如图 1-9 所示,石墨烯量子点是具有类石墨晶格结构的碳点,如图 1-10 所示,石墨烯量子点的核很小,表面连接许多羟基和羧基等的官能团,且连接数量和连接位点不均一[83]。在透射电子显微镜(transmission electron microscope,TEM)下可以看到清晰的晶格结构,其晶格间距与石墨基本一致[84]。而碳基量子点和聚合物点则是由 $sp^3$ 杂化的无定形碳组成,在 TEM 下看不到清晰的晶格结构,其表面也含有大量的官能团[86]。和传统的半导体量子点相比,碳点的制备原料来源广泛,不含有毒的重金属元素,是一种具有低毒性和良好生物相容性的碳纳米材料。此外,碳点还具有光致发光的荧光特性、荧光的波长和强度易于调节、水/溶剂溶解性好和易于功能化等优点。

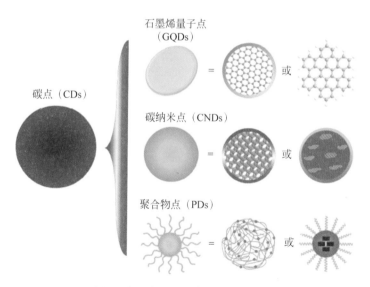

**图 1-9　3 种不同类型碳点的示意图**

Reprinted with permission from Ref. [82]. Copyright 2015,Elsevier.

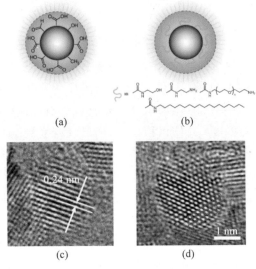

**图 1-10　碳点的结构**

（a）碳点的结构示意图；（b）碳点表面修饰后的示意图
（Reprinted with permission from Ref. ［83］. Copyright 2015,
Elsevier）；（c）和（d）是石墨烯量子点的高分辨率透射电子显微镜
（high resolution transmission electron microscope，HRTEM）下的
照片（Reprinted with permission from Ref. ［84］. Copyright 2010,
Royal Society of Chemistry）

## 1.3.1　碳点的光学性质

### 1. 紫外吸收光谱

碳点的吸收峰集中在紫外区（260～320 nm），主要是由碳点骨架上碳碳双键（C＝C）的 $\pi-\pi^*$ 电子转移引起的[87]，吸收延伸至可见光区，形成吸收峰的尾带。其中，石墨烯量子点的吸收峰也可能在 270～390 nm 出现，可以归结为碳氧双键（C＝O）上的 $n-\pi^*$ 电子转移[88]。此外，在不同元素功能化或钝化以后，其紫外吸收峰可能会出现红移的现象[89]。例如 Sun等[90]合成的 N、S 掺杂的石墨烯量子点，见图 1-11，此碳点除了在 340 nm 出现很强的吸收峰外，在 550 nm 和 595 nm 处也出现了两个吸收峰，这可能是C＝S的 $\pi-\pi^*$ 和S＝O的 $n-\pi^*$ 轨道上的电子转移引起的。当用 360 nm、550 nm 和 595 nm 波长的光激发此碳点时，会发出不同颜色的荧光。

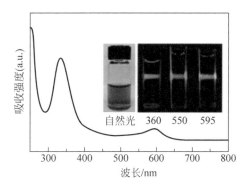

**图 1-11 S、N 掺杂的石墨烯量子点的紫外吸收光谱图**

Reprinted with permission from Ref. [90]. Copyright 2013, Royal Society of Chemistry.

### 2. 荧光性质

碳点最吸引人的性质是稳定的、优异的荧光性质。碳点的荧光性质包括激发光独立(excitation-independent)和激发光依赖(excitation-dependent)的光致发光性质(photoluminescence,PL)。激发光独立的性质指碳点在吸收激发光的能量后,其荧光发射的峰值固定不变(图 1-12(a))[91],而激发光依赖的性质则指其发射的荧光峰值会随着激发波波长的增加而红移(图 1-12(b))[92],这可能是由碳点的表面形态或尺寸差异导致的[86,88-89,93-94]。因此,也可以利用碳点的这种特性通过改变激发光的波长而获得荧光颜色不同的光谱。

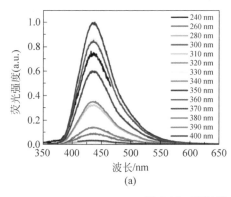
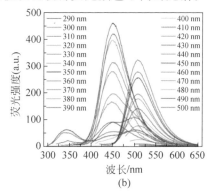

**图 1-12 不同碳点的荧光光谱图**

(a) 激发光独立的碳点(Reprinted with permission from Ref. [91]. Copyright 2013,Elsevier);
(b) 激发光依赖的碳点(Reprinted with permission from Ref. [92]. Copyright 2015,Royal Society of Chemistry)

荧光量子产率(fluorescence quantum yield,FQY)是评估碳点荧光性能的一个重要参数,可理解为表示碳点的荧光强度大小的参数。不同方法和原料制备的碳点具有不同的荧光量子产率[86,95]。一般通过优化制备的方法和原料,以及通过对碳点表面进行功能化/钝化的处理,即可得到量子产率较高的碳点。如 Schneider 等[96]以乙二胺、环六亚甲基四胺、三乙醇胺这3种不同的含氮化合物为原料,分别与柠檬酸在200 ℃下水热反应5 h,与荧光发色团反应,得到了荧光量子产率分别为53%、17%和7%的碳点。如图 1-13 所示,在 365 nm 紫外灯的照射下,3 种碳点均具有蓝色荧光,然而乙二胺制备的碳点与荧光发色团反应后的荧光强度远大于三乙醇胺制备的碳点。另外,对碳点进行功能化或钝化也是提高碳点量子产率的手段之一,如 Zheng 等[97]通过在碳点中加入 $NaHB_4$ 获得了还原态的碳点,其荧光量子产率由 2% 提升到了 24%,最大激发波长也从 520 nm 蓝移到 450 nm。

此外,相较于其他染料等荧光物质,碳点的另一优势是具有稳定的荧光强度。当把碳点置于氙灯的持续照射下时,其荧光强度在几小时或几天内不会衰减。在不同溶剂中,如高浓度的盐溶液中,大部分碳点都不会团聚,表现出稳定的荧光性质。

很多碳点的荧光强度具有 pH 值依赖的性质,尤其对于一些含 N 的碳点,可能是由于此类碳点的荧光发射与其表面的酸性/碱性的官能团有关[89,98]。由于此类碳点表面含有羧基、氨基和羟基等官能团,随着溶液 pH 值的升高,碳点表面的电位由正电转为负电,可能会导致碳点的荧光强度的变化。也正是因为这种性质,碳点也可以作为一种良好的 pH 值探针[99-100]。Liu 及其课题组[101]将葡萄糖粉末直接放入滚烫的食用油中,制备了荧光碳点。实验发现此碳点的荧光强度随着 pH 值的改变而变化,进一步的实验表明这种碳点是一种很好的 pH 值探针,如图 1-14 所示,其荧光强度会随着 pH 值的增加而逐渐降低,且将碳点在 pH=3 和 pH=13 的溶液中反复循环,发现碳点的荧光强度可以恢复,说明这种 pH 值探针可以循环使用,检测性能良好。

当碳点被首次发现时,碳点的发光机理就一直困扰着人们。人们不得不面对的是,正确而全面地评估所有碳点的荧光机理确实是一个重要的难题。目前比较主流的理论解释包括表面缺陷(surface passivation/defect)[102]、表面氧化(surface oxidation)[103]、表面官能团(surface functional groups)[104]、量子尺寸/$sp^2$ 共轭结构(quantum size effect/conjugated $sp^2$-domain effect)[105]和元素的掺杂(element doping)[106]等,此外,很多课题组也表示

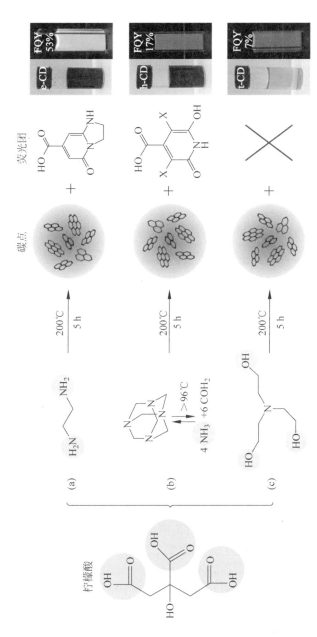

图 1-13 柠檬酸和不同含氮原料制备的荧光量子产率不同的碳点

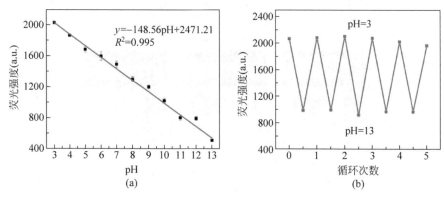

**图 1-14　碳点作为 pH 值探针检测溶液的 pH**

Reprinted with permission from Ref.［101］. Copyright 2018，Elsevier.

（a）荧光强度随溶液 pH 值的增加的变化趋势；
（b）在 pH＝3 和 pH＝13 的溶液中反复循环使用，其荧光强度的变化

大环芳烃结构和 $sp^2$ 共轭的效应也是影响长波长和多色荧光碳点的发光机理之一[107]。但这些也只限于对某些特定现象的理论解释，如果想更加全面地揭开碳点发光机理的面纱，需要更多研究学者的进一步探索和发掘。

### 1.3.2　碳点的制备方法

自 2004 年碳点被发现以来，已经有上百种原料用于碳点的制备。碳点最初的制备材料主要有石墨[108]、碳粉[109]、蜡烛灰[110]和石墨烯[107]等，然而这些材料所制备的碳点的荧光量子产率不高，一般小于 10％。直到 2006年，Sun 等[80]利用聚乙二醇对碳点的表面进行功能化，其荧光量子产率才大于 10％，说明光致发光的性质可能与碳点表面的能量陷阱有关。之后，氮元素的引入又进一步提高了碳点的量子产率，柠檬酸铵、尿素、乙二胺、氨基酸、聚乙烯亚胺等各类含氮试剂均被用于碳点的制备；硫、磷等元素的掺杂也进一步扩大了碳点的制备原料范围。Liu 等在 2012 年时[111]用绿草作为原料制备了碳点，并将其成功用于 $Cu^{2+}$ 的检测，自此，天然原料如橙汁[112]、茶叶[113]、鸡蛋[114]、牛奶[87]、水果[115]、蔬菜[116-117]等在碳点的制备和各种应用中遍地开花，发挥了重要作用。

随着时间的推移，碳点的制备方法层出不穷，主要分为两大类，即自上而下法（top-down methods）和自下而上法（bottom-up methods）。从图 1-15可以看出，自上而下法指的是将宏观结构的碳材料，如石墨等通过化学

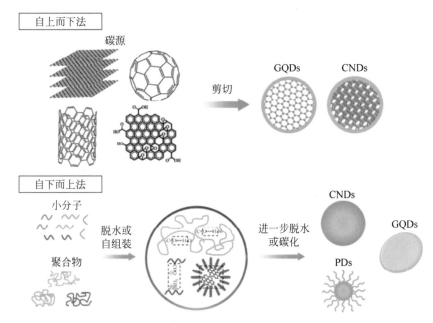

**图 1-15 碳点的两种制备方法示意图**

Reprinted with permission from Ref. [82]. Copyright 2015, Elsevier.

或者物理的方法,将碳点从上面剥离而出,包括弧光放电法、激光消融法、电化学法。自下而上法则是通过不同化学合成的方式将小分子的材料以各种聚合的方式形成碳点,此方法主要包括水热/溶剂热法、微波法、热解法、等离子体法等。

### 1. 自上而下法

#### 1) 弧光放电法

2004 年,Xu 等[79]用弧光放电法在碳纳米管的提纯过程中发现了碳点,这种方法也成为最早制备碳点的方法。他们用弧光放电处理碳灰后,用 3.3 M(mol/L)硝酸氧化,并用 NaOH 溶液萃取获得黑色分散液。将分散液经过凝胶电泳处理后得到了荧光碳点。2011 年,Cao 所在课题组[118]用弧光放电法在氦气氛围中以 70 A 的直流电流处理石墨棒,获得了粒径小于 10 nm 的具有较强还原性的碳点,此碳点可以将贵金属银(Ag)和金(Au)还原并使其包覆在碳点表面,形成碳点和贵金属单质的混合物。弧光放电法制备碳点产率较低,且产物一般含有很多杂质,分离纯化较困难。

2）激光消融法

激光消融法是在高温高压环境下，使用激光消融碳源而得到碳点的一种方法。Sun 等在 2006 年[80]首次用激光消融法制备了发射不同颜色荧光的碳点。他们对自制的石墨靶进行热处理，在携带水蒸气的氩气流中利用温度为 900 ℃、压强为 70 kPa 的激光处理石墨靶，所制备的碳纳米颗粒尺寸不均匀，呈聚集状态且没有荧光。之后用 2.6 mol/L 的硝酸回流处理粗产物 12 h，用聚乙二醇对其表面进行钝化处理，如图 1-16 所示，提纯后得到荧光量子产率为 20%（440 nm 波长激发）的荧光碳点。激光消融法比较简单，制备的碳点结构多样化，但该方法所需的仪器设备较贵，合成的碳点粒径不均匀且纯度也较低。

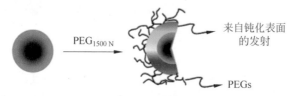

**图 1-16　聚乙二醇功能化碳点表面示意图**

Reprinted with permission from Ref.［80］. Copyright 2006，American Chemical Society.

3）电化学法

电化学法将碳源作为工作电极通过电化学剥离的方式制备碳点。Zhou 等[119]首次用电化学的方法制备了碳点，他们以多壁碳纳米管为工作电极，以 Pt 丝为对电极，以 Ag/AgClO$_4$ 为参比电极，在乙腈溶液中制备碳点。在制备过程中，溶液的颜色逐渐由无色变为淡黄色而后成为深棕色，表明从多壁碳纳米管的工作电极上成功剥离出碳点。该碳点在紫外灯的照射下呈现不同的荧光颜色，且在高分辨率透射电镜下可以看到清晰的晶格条纹，晶格间距为 0.38 nm。Lu 等[120]以高纯石墨棒作为工作电极，以 Pt 丝为对电极，在离子液体/水的混合溶液中成功制备了碳点，用水和乙醇洗涤、过滤和离心后即可得到粒径为 6～8 nm 的碳点，其荧光量子产率为 2.8%～5.2%。电化学法所制备的碳点粒径比较均匀，碳源的利用率也较高，可以大量制备。

## 2. 自下而上法

### 1）水热/溶剂热法

水热/溶剂热法主要是通过高温的方式将小分子物质聚合重组而制备

荧光碳点。由于此方法简便、无毒、没有强氧化性或腐蚀性物质、可以大量制备，同时可以一步法制备，大量简化了制备过程，得到了广泛的应用。很多材料均可以作为水热法的原料，如葡萄糖、蛋白质、柠檬酸，以及很多天然材料如牛奶、果汁等。制备原料和制备条件等的不同会导致碳点的性质存在差异。如 Miao 等[121]用水热法以柠檬酸（citric acid，CA）和尿素（urea）为原料制备碳点，如图 1-17（a）所示，实验设置了柠檬酸和尿素不同的摩尔比，以及不同的反应温度，发现原料的成分比例和温度等的不同，可以制备荧光颜色从蓝色到红色的全光谱碳点。通过控制碳化程度和官能团如羧基（—COOH）的含量，发射峰的峰位置可以从 430 nm 红移到 630 nm。蓝色、绿色和红色荧光碳点的荧光量子产率分别为 52.6％、35.1％和 12.9％。而且这种碳点可以均匀分散于环氧树脂中，形成碳点和环氧树脂的复合材料，可以用作多色 LED 灯。

此外，不同溶剂所制备碳点的荧光颜色也会有变化。Liu 等[122]研究了水和甲苯两种溶剂对碳点发射光谱的影响，他们把柠檬酸分别和 4 种不同含氮材料（乙二胺、六次甲基四胺、甲酰胺和尿素）混合，在不锈钢反应釜中设置温度为 200 ℃，反应 12 h。图 1-17（b）的结果显示，当用水为溶剂时，生成的碳点均发出蓝色荧光，而在甲苯中生成的碳点荧光呈绿色和黄色。文章认为这可能是由不同溶剂导致的碳点的表面状态和表面能的差异而引发的颜色不同。

而且，在相同的制备条件下，不同的原料结构也可能导致碳点具有不同的光学性质。Jiang 等[123]以苯二胺的 3 种同分异构体为原料，在乙醇溶剂中设置 180℃持续加热 12 h，可以制备发射蓝光、绿光和红光的碳点（图 1-17（c））。以间苯二胺、邻苯二胺和对苯二胺为原料的 3 种碳点的粒径尺寸不同，且含氮量也有差异，分别为 3.69％、7.32％和 15.57％。

另外，将制备好的碳点进一步处理后也可以得到荧光性质不同的碳点。Ding 等[124]以尿素和对苯二胺为原料，通过水热法制备荧光碳点。将碳点通过硅胶柱层析分离的方法分离出能够发射全光谱荧光的碳点。如图 1-17（d）所示，这些碳点具有稳定的荧光性质，而且荧光发射峰的位置不随激发光波长的增大而红移。

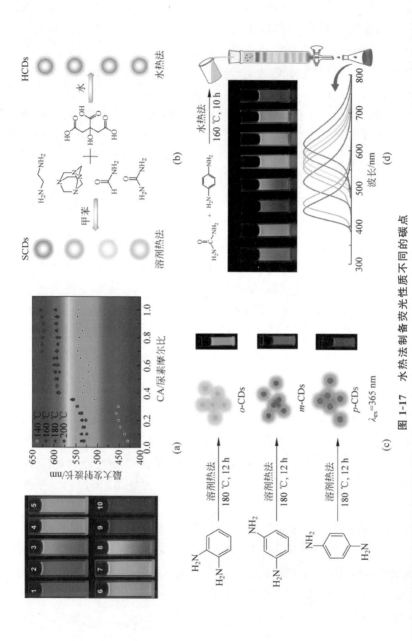

**图 1-17　水热法制备荧光性质不同的碳点**

(a) 调整原料比例和反应温度获得不同颜色的碳点 (Reprinted with permission from Ref. [121]. Copyright 2018,Elsevier)；(b) 改变氮源获得不同颜色碳点 (Reprinted with permission from Ref. [122]. Copyright 2017,Royal Society of Chemistry)；(c) 改变原料结构获得不同颜色碳点 (Reprinted with permission from Ref. [123]. Copyright 2015,Elsevier)；(d) 分离获得不同颜色碳点 (Reprinted with permission from Ref. [124]. Copyright 2016,American Chemical Society)

2）微波法

微波法是用微波处理碳源,进而合成碳点的一种新兴方法。该方法由于快速简便而备受青睐。2009 年,Zhu 等[125]首次用微波处理葡萄糖和聚乙二醇得到了荧光碳点。简单来讲,他们将葡萄糖和聚乙二醇混合,在微波中处理 2～10 min,若产物颜色由无色逐渐变为棕色,则表明碳点已成功制备。实验还发现,碳点的粒径和荧光性质与微波的加热时长有关,随着加热时间的延长,碳点的粒径逐渐增加,且荧光发射光谱出现红移。微波法性价比较高,同时具有环境友好等特点,但需要指出的是,其制备的碳点荧光量子产率并不高,对实验条件要求比较严格。

3）热解法

热解法是对小分子有机物或其他物质加热,使其内部通过脱水、聚合、碳化等方式交联而生成碳点的一种方法。热解法的原料多种多样,如咖啡渣、抗坏血酸、甘油、柠檬酸等均可用于碳点的制备。Fang 等[126]将醋酸、水、五氧化二磷混合,利用体系反应释放的热量合成了空心荧光碳点,这种方法不需要额外加入热量即可实现碳点的制备。所制备的空心碳点可用于细胞成像,而且与传统的荧光染料和 CdTs 等量子点相比,这种空心碳点具有低毒性、荧光稳定、抗光漂白等优势。Jana 课题组[127]通过不同温度和不同方法热解碳水化合物,分别合成了能够发出蓝光、绿光、黄光和红光的荧光碳点,表明不同的制备方法可以得到性质迥异的碳点。

4）等离子体法

等离子体(plasma)是失去电子的原子或原子团在电离后产生的气体状物质,一般认为其是除了气体、固体和液体以外物质存在的第 4 种状态。将等离子体作用于碳源,实现对碳源的热解而制备碳点,是近年来新兴的一种制备碳点的方法。2012 年,Wang 等[114]用等离子体热解富含环氧基团的鸡蛋而制备多色荧光碳点,如图 1-18 所示。他们利用直流等离子体发生器(电压＝50 V,电流＝2.4 A)处理蛋黄或蛋清几分钟,即可得到碳点。所制备的碳点可以作为荧光油墨在纸和丝绸等表面打印图案。随后 Li 等[128]用同样的设备和方法以丙酰胺为原料制备了荧光碳点。2015 年,Huang 等[129]用等离子体电化学法制备了荧光碳点,他们以 Pt 丝为阳极,通过高压击穿氮气而获得的等离子体为阴极,将其作用于果糖溶液,制备了蓝色荧光碳点。与化学方法对比后发现,该等离子体法制备碳点的机理不是热效应,而是以电子反应的形式进行的。实验并未将阴极和阳极分开,因此也可能存在电化学效应。

**图 1-18 等离子体法热解鸡蛋制备碳点**

Reprinted with permission from Ref. [114]. Copyright 2012,Elsevier.

### 1.3.3 碳点在金属离子检测中的应用

碳点具有独特的荧光性质、较小的尺寸、良好的生物相容性、低毒性和优异的水溶性等特点,因此在金属离子检测方面得到了广泛的应用。

#### 1. 检测 $Hg^{2+}$ 离子

碳点最初在化学检测方面的应用就是选择性检测汞离子($Hg^{2+}$)。汞离子很容易通过皮肤、呼吸道和口腔进入生物体内,破坏蛋白质和 DNA 的结构,引起病变。EPA 规定饮用水中的 $Hg^{2+}$ 含量不能超过 10 nM。将碳点应用于 $Hg^{2+}$ 检测是利用了 $Hg^{2+}$ 和碳点结合以后,会改变碳点荧光强度的性质[130-134]。Lu 等[115]用柚子皮制备荧光碳点用于检测 $Hg^{2+}$,碳点的荧光会随着 $Hg^{2+}$ 加入量的增加而逐渐消失,检出限可低至 0.23 nM。在溶液中加入半胱氨酸(Cys)后,由于 Hg—S 键的形成,会将 $Hg^{2+}$ 从碳点上脱除,使碳点的荧光得到恢复。如果碳点自身荧光已经被淬灭,则可以加入 $Hg^{2+}$ 使其荧光恢复,实现对 $Hg^{2+}$ 的高效检测。Wang 所在课题组[135]在用聚苯胺功能化的碳点检测 $Hg^{2+}$ 时,先用柠檬酸和碳酸铵制备了荧光碳点,在功能化聚苯胺以后,发现碳点的荧光会被淬灭,而且当聚苯胺和碳点的体积比是 0.28∶0.2 时,超过 98% 的碳点荧光被淬灭。这是由荧光共振能量转移(fluorescence resonance energy transfer,FRET)效应引起的荧光淬灭,FRET 简单来说就是一种荧光供体分子的发射光谱和另一种荧光受体的激发波长重叠,导致供体分子的激发能够诱导受体分子发出荧光,而供体分子自身的荧光强度衰减的一种荧光效应。在本实验中,聚苯胺是一种很好的荧光受体,因此聚苯胺的加入会导致碳点荧光的淬灭。而当加入 $Hg^{2+}$ 时,由于 $Hg^{2+}$ 和聚苯胺的相互作用使碳点荧光逐渐恢复,而且随着 $Hg^{2+}$ 量的增多,碳点荧光的恢复量也逐渐增大,检出限可低至 0.8 nM,远低于饮用水中 $Hg^{2+}$ 的含量标准。

### 2. 检测 $Fe^{3+}$ 离子

通过文献调研发现,近年来,碳点在三价铁离子($Fe^{3+}$)检测方面的应用最为广泛。三价铁离子在生物体内和环境中均具有重要的价值,对细胞内和环境水体中铁离子的检测尤为重要。文献调研结果发现,大部分研究者利用碳点和 $Fe^{3+}$ 相互作用后其荧光淬灭的效应实现对 $Fe^{3+}$ 的检测,而且随着 $Fe^{3+}$ 浓度的增加,荧光淬灭程度增大[136-140],因此有些碳点可以检测超低浓度的 $Fe^{3+}$。Tan 等[141]利用水热法,在 200 ℃高温下,将苯二胺和硝酸反应 2 h,制备荧光碳点(N-CDs),碳点表面的羧基、羟基、酯基等官能团使碳点的荧光呈红色。将此碳点用于检测水中的 $Fe^{3+}$,检出限低至 1.9 nM。

另外,碳点荧光被 $Fe^{3+}$ 淬灭的机理也是很多研究学者关注的问题。一般认为,$Fe^{3+}$ 和碳点相互作用后会发生动态和静态的荧光淬灭过程。所谓动态淬灭即碳点和 $Fe^{3+}$ 相互作用后发生电子转移,导致荧光强度降低,可以通过测试荧光寿命等手段表征这一机理。如 Zhu 等[86]用柠檬酸和乙二胺以水热法制备了荧光量子产率高达 85% 的碳点。此碳点和 $Fe^{3+}$ 相互作用以后可以将荧光淬灭,通过实验和文献的分析发现,碳点上的酚羟基和 $Fe^{3+}$ 相互作用后发生了电子转移,其荧光寿命由原来的 13.7 ns(包含两个组分,分别是:42.3 ns(17%)和 7.9 ns(83%))降低为 2.3 ns(7.8 ns(20%)和 0.9 ns(80%)),因此碳点荧光被淬灭(图 1-19(a))。而所谓静态的荧光淬灭过程是指碳点与 $Fe^{3+}$ 相互作用后发生了化学反应或者团聚等,导致碳点的荧光被淬灭。Zhu 等[142]通过硝酸氧化炭黑制备石墨烯量子点 GQDs,研究了 GQDs 在不同 pH 值下对 $Fe^{3+}$ 的选择性。结果表明,$Fe^{3+}$ 在 GQDs 的水溶液中可以与 GQDs 表面的羟基结合,形成类似 $Fe(OH)_3$ 的沉淀,引起 GQDs 荧光的淬灭。相较于 $Co^{2+}$、$Cu^{2+}$、$Ni^{2+}$ 等金属离子,在 pH=3.5 时该碳点对 $Fe^{3+}$ 具有良好的选择性,可归因于此条件下 $Fe(OH)_3$ 沉淀的络合常数 $K_{sp}$ 最小(图 1-19(b))。

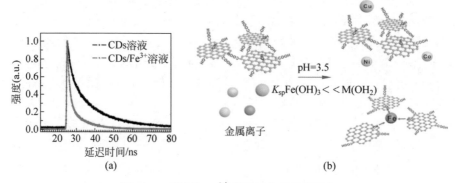

**图 1-19　碳点和 $Fe^{3+}$ 的相互作用机理研究**

(a) 作用后荧光寿命的变化（Reprinted with permission from Ref. ［86］. Copyright 2013, Elsevier）；(b) GQDs 和 $Fe^{3+}$ 相互作用后发生聚合沉淀（Reprinted with permission from Ref. ［142］. Copyright 2017, American Chemical Society）

### 3. 检测 $Cu^{2+}$ 离子

铜离子（$Cu^{2+}$）是人体必需的微量元素，但如果长时间暴露在高浓度的 $Cu^{2+}$ 环境中，会对肝和肾产生严重的危害，因此对水体中 $Cu^{2+}$ 的检测也备受关注。Liu 所在课题组[111]用水热法处理绿草制备碳点，以用于检测 $Cu^{2+}$，制备的碳点具有很好的荧光性能。氮元素的引入对 $Cu^{2+}$ 的检测性能有较大提高，且相较于其他金属离子，氮元素对 $Cu^{2+}$ 具有较好的选择性。研究者认为这可能是因为 $Cu^{2+}$ 更容易与碳点上的 N 和 O 结合。为了提高碳点对 $Cu^{2+}$ 的检测性能，很多课题组用各种原料制备了含有不同官能团的碳点[143-144]。Wang 等[145]用微波法处理聚乙烯亚胺，制备了荧光碳点。由于此碳点表面含有丰富的含氮官能团，可以与 $Cu^{2+}$ 相互作用后发生荧光淬灭，用于高效检测 $Cu^{2+}$，检出限低至 6.7 nM。这种碳点还可用于检测活细胞内的 $Cu^{2+}$。实验发现当在含有碳点的细胞中加入 $Cu^{2+}$ 后，碳点的荧光会被淬灭，同时由于碳点与 $Cu^{2+}$ 相互作用会进一步抑制 $Cu^{2+}$ 在细胞内的毒性，对细胞内 $Cu^{2+}$ 的检测和毒性的掩蔽具有重要意义。

### 4. 其他金属离子

碳点在其他金属离子如 $Cr^{6+}$[146-147]、$Ag^{+}$[148-150] 和 $Pb^{2+}$[151-153] 等的检测方面也得到了广泛应用。由于具有不同的检测机理，碳点对多种金属离子的检测现象和灵敏度千变万化。不同课题组对 $Cr^{6+}$ 淬灭碳点的荧光机理的认识各不相同,其中包括 $Cr^{6+}$ 的还原效应[154]、荧光内滤效应[155],以及 $Cr^{6+}$ 和碳点官能团的相互作用[156]等。另外,不同于其他金属离子会淬灭碳点的荧光,在检测 $Ag^+$ 时,碳点会产生荧光增强的现象,见图 1-20。这可能是由于 $Ag^+$ 在碳点的表面被还原为 Ag 单质而提高了碳点的辐射发射强度,表现为碳点荧光的增强[157]。

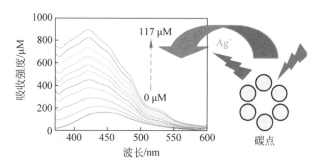

**图 1-20　碳点的荧光增强机理检测 $Ag^+$**

Reprinted with permission from Ref. [157]. Copyright 2013,Royal Society of Chemistry.

### 1.3.4　碳点复合材料的制备及应用

通过上述文献可以发现,碳点这种新型的荧光碳纳米材料在金属离子的检测方面已经得到了广泛的应用。其原理主要是由碳点表面丰富的官能团和金属离子的相互作用而引起荧光的淬灭或者增强,从而实现对金属离子的高效检测。而且碳点的制备方法和制备原料的多样化赋予了碳点很多优异的性质,如碳点的荧光可以调节,光稳定性高,制备原料低廉,来源广泛且官能团的种类和含量易于调节等。碳点也是一种潜在的吸附材料,但由于其粒径比较小,一般在 10 nm 以下,且在水中或其他溶剂中分散良好,难以分离,从而限制了碳点在金属离子吸附方面的应用。

近年来,很多研究学者将目光投向了基于碳点的复合材料的制备和应用领域。他们通过各种方法将碳点和其他材料相结合,制备了易于分离或者具有其他优异性质的复合材料,拓宽了碳点在光催化剂[158-161]、细胞成像[162-163]、药物载带[164-165]、金属离子和其他物质的检测[166-168],以及吸附[169-172]等方面的应用。Kong 所在课题组[163]设计了一种在介孔材料中嫁接石墨烯量子点而制备复合材料的方法。首先,用电化学方法剥离铅笔上的石墨合成石墨烯量子点,所制备的碳点粒径均匀且分散性良好;其次,通过氢键的作用将碳点嫁接在介孔材料如介孔二氧化钛、介孔二氧化硅和介孔碳的表面，用于制备具有光学性能的复合材料。以石墨烯量子点/介孔二氧化硅复合材料的制备为例，简单而言就是在用模板法以四乙氧基硅烷（tetraethyl orthosilicate，TEOS）为前驱体制备介孔二氧化硅的过程中，加入石墨烯量子点的水溶液，如图 1-21 所示，在去除模板剂后即可形成接枝有碳点的介孔复合材料。

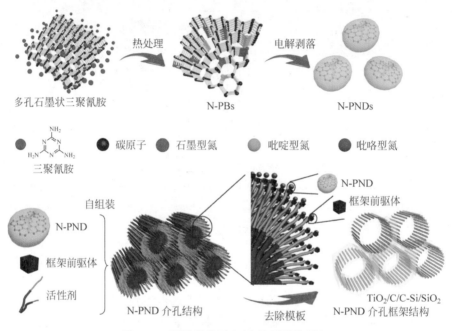

**图 1-21　石墨烯量子点/介孔材料的制备**

Reprinted with permission from Ref. [163]. Copyright 2015, Elsevier.

碳点的复合材料对金属离子具有优异的检测性能。Ma 等[166]将碳点封装在一种经典的金属有机框架材料 ZIF-8 中用于检测 $Cu^{2+}$。首先，用柠檬酸和二亚乙基三胺为原料水热法制备荧光碳量子点；其次，将 CdTe/CdS/ZnS 量子点 QDs 和碳点 CDs 加入制备 ZIF-8 的原料溶液中，合成 ZIF-8 封装碳点和量子点的复合材料 QDs/CDs@ZIF-8。复合材料的荧光强度随 $Cu^{2+}$ 浓度的增加而逐渐降低，检出限低至 1.53 nM，是一种优异的 $Cu^{2+}$ 检测材料。

碳点表面含有丰富的官能团，因此其复合材料在金属离子吸附中备受关注。Qiao 所在课题组[169]设计了一种"瓶中造船法"（ship in a bottle），用于制备聚合物量子点和二氧化硅，以及碳的核壳结构复合材料，"瓶中造船法"的实质是在多孔基体中将小分子自组装成大分子，生成的产物由于粒径较大会被困在基体内而形成复合材料。首先，制备空心的二氧化硅小球和碳小球；其次，通过乙二胺和四氯化碳在空心小球内的组装形成聚合物碳点，制备这种复合材料。复合材料可用于 $Cu^{2+}$ 的吸附，去除率高达 92%（聚合物碳点/二氧化硅）和 99%（聚合物碳点/碳），分别是纯二氧化硅和碳小球去除率的 10 倍和 90 倍之多。说明碳点的掺杂确实提高了吸附容量，碳点是一种良好的吸附剂。Wang 等[171]合成了壳聚糖/二硫化钼（$MoS_2$）的基底材料，将其浸泡在氯化钴和醋酸钠的混合溶液中，水热法 200 ℃ 反应 12 h，制备了碳点负载的磁性复合材料（CoMFC）。该材料可用于去除溶液中的 $Pb^{2+}$，吸附容量高达 660.67 mg/g，可以快速分离，其他金属离子如 $Ca^{2+}$ 和 $Mg^{2+}$ 对其干扰很小。而且用乙二胺四乙酸（ethylene diamine tetraacetic acid，EDTA）即可实现 $Pb^{2+}$ 的高效脱附，具有优异的重复使用性能。Gogoi 等[173]制备了壳聚糖水凝胶：首先，加入醋酸，在微波作用下制备了壳聚糖碳点；其次，将碳点溶液和琼脂糖混合，采用微波法，利用碳点表面的 $NH_3^+$ 和琼脂糖中的 $OH^-$ 的静电作用制备了碳点/琼脂糖的复合膜。复合膜浸泡在不同金属离子的溶液中会表现出不同的颜色，是因为碳点上的壳聚糖和不同金属离子络合后的产物具有不同的颜色，利用不同颜色的吸收强度的差异，可用于检测 $Cr^{6+}$、$Cu^{2+}$、$Fe^{3+}$、$Pb^{2+}$、$Mn^{2+}$ 5 种金属离子。另外，复合膜也可作为过滤膜用于 5 种金属离子的分离（图 1-22）。

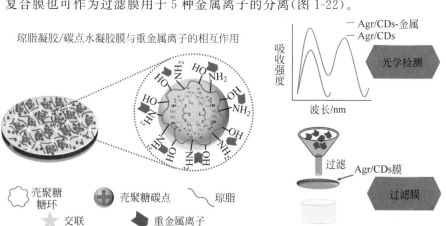

**图 1-22　碳点功能化的壳聚糖复合材料用于去除 $Pb^{2+}$**

Reprinted with permission from Ref. [163]. Copyright 2015，American Chemical Society.

# 1.4　常压等离子体电极

等离子体是由原子和原子团被电离后产生的离子化气体状物质,由于其中带正电的粒子与带负电的粒子的总量相等,被称为"等离子体",它是一种不同于气体、固体和液体的第4态。在等离子体中,带电粒子一般包括带负电的电子和带正电的气体粒子,但也会含有一些带负电的气体离子,如$O_2^-$。等离子体作为气体电极已经被研究了近100年,人们试图通过研究等离子体和离子溶液之间的电荷转移而引发化学和电化学反应。之前的等离子体对压力的要求较高,一般需要在真空下才能进行稳定的放电,因此其发展和应用受阻。近年来,非热常压条件下等离子体的发展拓宽了等离子体电极的研究和应用[174],研究学者开始广泛地研究等离子体电极和液体界面的电荷转移,等离子体作为电极时发生的反应和溶液内部的物质种类等[175-176]。为了研究等离子体与液体界面的电荷传输,Rumbach所在课题组[177]在不同外界氛围中,以等离子体为阴极,Pt片为阳极,处理NaCl的水溶液。实验发现当等离子体作为阴极时,由于电化学作用的电子转移,会有氢气生成逸出,导致溶液中生成多余的$OH^-$,溶液的碱性增加。而另一方面,等离子体内部和溶液中反应生成的气态离子、自由基等物质($O_2^-$)会导致$HNO_2$、$HNO_3$和$H_2O_2$的生成并溶于溶液中,增加了溶液的酸度。而且溶液的pH值也依赖于溶液所处的气体氛围,当溶液处于氧气和氩气氛围中时,电子转移生成的$OH^-$占主导地位,溶液的pH值会随着时间的增加而逐渐升高。然而,当溶液处于空气和氮气的氛围中时,等离子体所产生的$NO_2$和$NO_3$占主导地位,它们溶于水生成酸性物质,使得溶液的pH值随着时间的累积呈下降趋势。而且,其他文献[176]也表明,在等离子体-液体的界面处和液体内部会生成大量气体离子、氧化性的自由基、氮氧化物、过氧化氢等物质(图1-23),当等离子体作为电极时,这些物质会使界面处发生的不仅是电化学的电荷转移反应,而且伴随大量的副反应,进一步拓宽了等离子体电极的应用范围。

电解池的形状也有两种,即单室电解池和两室电解池。单室电解池如图1-24(a)所示,阴极和阳极在同一电解池内。两室电解池如图1-24(b)所

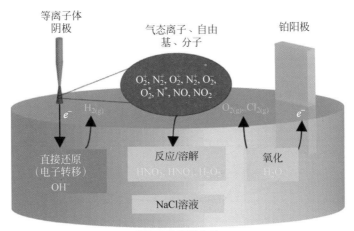

等离子体界面化学

(a)

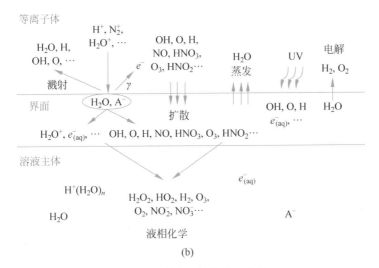

液相化学

(b)

**图 1-23　等离子体化学示意图**

(a) 等离子体阴极和 Pt 阳极电解 NaCl 示意图；(b) 等离子体和液体界面的
物质种类示意图（Reprinted with permission from Ref. [176]. Copyright
2012, IOP Publishing）

示,通过盐桥或多孔玻璃等物质将阴极和阳极隔开。相较而言,单室电解池
操作简单,两室电解池则具有更明显的优势,阴极和阳极分开后可以避免生
成的产物在对电极消耗,而且避免了两个电极接近,导致生成的产物影响等
离子体电极和溶液界面处的反应。

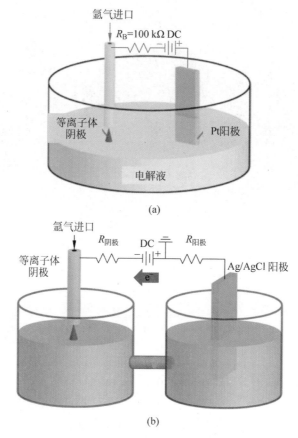

**图 1-24　不同形式的电解池示意图**

（a）单室电解池（Reprinted with permission from Ref. ［178］. Copyright 2010,AVS Science and Technology Society）；（b）两室电解池（Reprinted with permission from Ref. ［179］. Copyright 2011,American Chemical Society）

　　等离子体作为气体电极在纳米颗粒的合成方面得到了广泛的应用,尤其是在金属单质和金属氧化物的合成方面备受青睐[180-186]。相较于金属单质传统的电化学和化学合成等方法,等离子体电极具有以下优点[187-188]：

　　（1）不需要添加表面活性剂/配体等物质,合成的纳米颗粒具有很高的纯度；

　　（2）合成过程中颗粒带有电荷,因此合成的纳米颗粒不易聚集,粒度分布均匀且较小,粒径一般在 2～10 nm；

（3）电极和溶液不直接接触，不存在电极腐蚀等现象，且生成的纳米颗粒在溶液中，不会附着在电极表面影响电极效率；

（4）可以利用价格低廉且易于获取的前驱体进行金属单质的合成。

Yan 等[184]用氯金酸和硝酸银（$HAuCl_4$ 和 $AgNO_3$）为前驱体，等离子体作为阴极，Pt 丝为阳极，制备了金银纳米合金 $Au_x Ag_{1-x}$。通过调节前驱体的比例，可以较为容易地制备不同比例的 Au 和 Ag 合金，这种等离子体的方法不仅高效，而且环保。Lu 所在课题组[185]以等离子体为阳极，以 $CuSO_4$ 作为前驱体，在阴极 ITO 玻璃上沉积了 Cu 和 $Cu_2O$ 的复合纳米颗粒。如图 1-25 所示，在几秒之内，ITO 玻璃表面即可沉积 Cu 和 $Cu_2O$ 的纳米颗粒，而且随时间的延长，颗粒逐渐增多、长大。实验证实了等离子体作为阳极也可以实现电荷的传输，并且在阴极沉积金属单质及其氧化物。

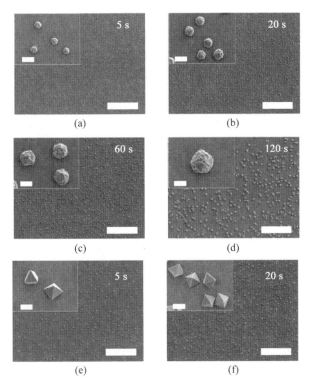

**图 1-25 在 1 M 和 0.1 M 的 $CuSO_4$ 溶液中，不同时间内在**
**ITO 玻璃阴极上沉积 Cu 和 $Cu_2O$ 的 SEM 照片**

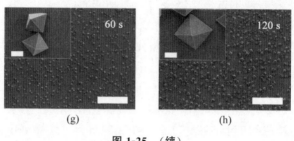

(g)　　　　　　　　(h)

图 1-25　（续）

此外，等离子体作为气体电极除了在金属单质及其氧化物的制备中被大量应用外，在其他物质的制备中也具有广阔的应用前景[189]。Rumbach 等[190]发现在等离子体阴极可以促进 $CO_2$ 溶解，且可以将溶液中的 $CO_2$ 还原成羧基自由基的阴离子（$CO_2^-$），这些羧基自由基可以作为中间体进一步制备草酸和甲酸。实验中分别用碱性体系 NaOH 和酸性体系 $H_2SO_4$ 的溶液作为溶剂，在溶解二氧化碳后用等离子体阴极处理，结果发现在酸性和碱性体系下均可以生成草酸，而甲酸则更倾向于在酸性体系下生成。当 $CO_2(aq)$ 的浓度为 34 mM 时，其转换率为 10%，但通过热力学计算发现，可以通过提高 $CO_2(aq)$ 的浓度而提高转换率。

## 1.5　研究意义和研究内容

综上所述，对于含铀废水的富集分离不仅可以减少环境污染，也可以在战略资源方面解决我国铀资源供不应求的现状。在富集分离铀的众多方法中，吸附法由于吸附剂的可设计性等优点而备受青睐。因此，很多学者致力于设计和合成对铀吸附容量高、吸附性能好的新型材料。碳点是近年来发现的一种新型碳纳米材料，其粒径一般小于 10 nm，表面官能团丰富且可调、原料来源广泛且价格低廉，是一种良好的吸附材料。基于碳点的材料在金属离子如 $Cu^{2+}$、$Hg^{2+}$、$Pb^{2+}$ 等的吸附领域已有所应用。同时，碳点具有优异的荧光性质，和金属离子混合后具有荧光响应，已广泛应用于金属离子如 $Fe^{3+}$、$Cu^{2+}$、$Hg^{2+}$ 等的检测。因此，本书希望设计一种碳点材料，用于溶液中铀的吸附，同时发展一种新型吸附模式，在吸附铀的同时，利用碳点荧光强度的变化实现对吸附过程的在线监测。为实现这一目标，有几个问题需要解决。首先，文献集中报道了碳点在重金属离子检测方面的应用，而碳点对铀的荧光响应尚不清楚。其次，碳点的传统制备方法即水热法耗时耗能,需要建立新型方法用于碳点的快速、可控制备。最后,碳点尺寸小、易溶于水,在吸附中不易分离,需要制备基于碳点的复合材料,并用于铀的吸附,研究其荧光性质在监测铀的吸附过程中的应用。

　　基于上述分析,首先,采用传统的水热法,以不同氨基酸为原料制备 4 种氨基酸碳点,研究其对铀的荧光响应性质和荧光淬灭机理,并探讨分析碳点和铀的相互作用机理。其次,建立新型等离子体电化学的方法,用于快速、可控地制备碳点,讨论碳点的合成机理,评估其对铀的荧光响应。最后,基于等离子体的方法,合成碳点的复合材料,研究基于复合材料的荧光性质在监测铀吸附过程中的应用。

　　本书具体的研究内容如下:

　　(1) 水热法制备氨基酸碳点及其对 U(Ⅵ) 的荧光响应。以不同氨基酸为原料,采用传统的水热法制备 4 种氨基酸碳点,对其结构形貌、元素组成等性质进行详细的表征和分析,并研究 4 种氨基酸碳点对溶液中 U(Ⅵ) 的荧光响应性能,对 U(Ⅵ) 淬灭碳点的荧光机理进行探讨,考察 4 种氨基酸碳点和其他金属离子混合后的荧光响应。最后,借助电位滴定法和热力学分析软件,定量分析碳点表面的官能团,同时也对碳点和 U(Ⅵ) 相互作用后的络合常数进行了拟合分析。

　　(2) 等离子体法制备 EDACDs 及其对 U(Ⅵ) 的荧光响应。建立新型等离子体电化学法,以柠檬酸和乙二胺为原料,简便、快速地制备荧光碳点(EDACDs)。同时,采用水热法处理相同原料制备 HCDs,表征对比两种碳点的荧光性质、结构形貌和元素组成等。设计实验,讨论等离子体辅助制备碳点的反应过程,认识不同方法制备碳点结构的差异。考察 EDACDs 对溶液中 U(Ⅵ) 的荧光响应和检测性能。

　　(3) 等离子体法制备 PDCDs 及其对 U(Ⅵ) 的荧光响应。基于建立的等离子体电化学的方法,以多巴胺为原料,快速、可控地制备颗粒均匀的荧光聚多巴胺碳点(PDCDs)。表征分析碳点的荧光、结构和元素组成等性质,基于对比实验,讨论等离子体引发多巴胺的聚合机理和聚合过程。研究PDCDs 对 U(Ⅵ) 的荧光响应和在检测方面的应用。

　　(4) 碳点复合材料的制备及其在 U(Ⅵ) 吸附监测中的应用。拓展等离子体电化学的方法,原位、一步法制备碳点功能化的介孔二氧化硅复合材料。表征复合材料的荧光性质、介孔性质和元素组成等。评估复合材料对铀的吸附性能,同时将复合材料的荧光性质与吸附性能相结合,研究复合材料吸附铀以后的荧光强度的变化在实时监测吸附过程中的应用。

# 第 2 章　水热法制备氨基酸碳点及其对 U(Ⅵ)的荧光响应

## 2.1　引　言

　　碳点的制备原料多种多样,直接导致了碳点性质的差异,因此,本章首先研究了不同原料制备的碳点对溶液中 U(Ⅵ)的荧光响应,同时建立方法探究了碳点和 U(Ⅵ)相互作用的络合常数。在制备方法方面,本章选取了传统的水热法进行碳点的制备。水热法是制备碳点最常用的方法,它具有操作相对简单,方法比较成熟的特点。在高温条件下,很多原料如柠檬酸、聚乙二醇、水果、牛奶等都可用于制备碳点。在原料方面,本章选用柠檬酸和不同的氨基酸为原料制备碳点,氨基酸种类多样,结构各异,因此,可采用不同的氨基酸为原料制备性质有差别的碳点。本章将选取 4 种在水中溶解性较好的氨基酸:精氨酸、甘氨酸、赖氨酸和丝氨酸,其结构式如图 2-1 所示。将其分别和柠檬酸混合溶于水中制备 4 种氨基酸碳点,并对其形貌、荧光性质、结构和元素组成等进行表征。之后,研究 4 种氨基酸碳点分别和不同浓度,以及不同 pH 值的含 U(Ⅵ)溶液混合后的荧光响应,并表征碳点和其他金属离子混合后的荧光信号。此外,通过电位滴定法和其他软件的拟合分析,研究碳点表面官能团的含量,以及碳点和 U(Ⅵ)结合后的络合常数。

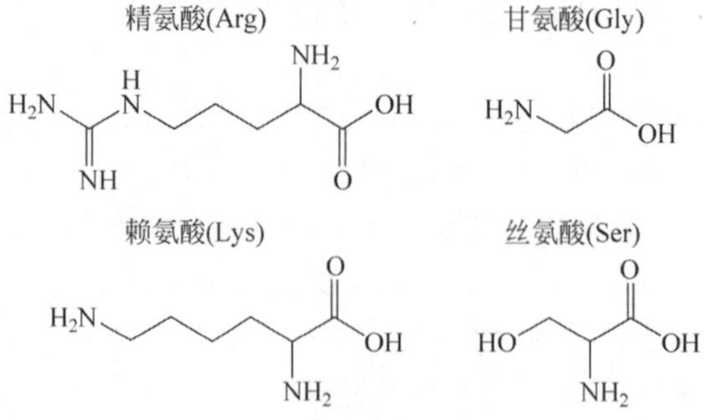

精氨酸(Arg)　　　　　　　甘氨酸(Gly)

赖氨酸(Lys)　　　　　　　丝氨酸(Ser)

图 2-1　4 种氨基酸的结构式

## 2.2　实验部分

### 2.2.1　实验试剂与仪器

实验所用试剂信息见表 2-1。

**表 2-1　实验试剂信息汇总**

| 试　　剂 | 英文名称/化学式 | 购买公司 | 纯度 |
|---|---|---|---|
| 柠檬酸 | citric acid,CA | Alfa Aesar | ＞99.5％ |
| 精氨酸 | L-Arginine,Arg | Aladdin | ＞98％ |
| 甘氨酸 | L-Glycine,Gly | Aladdin | 98％ |
| 赖氨酸 | L-Lysine,Lys | Aladdin | ＞98％ |
| 丝氨酸 | L-Serine,Ser | Aladdin | ＞99％ |
| 氢氧化钠 | NaOH | 北京化工厂 | ＞99.5％ |
| 硝酸 | $HNO_3$ | 北京化工厂 | 65wt.％ |
| 高氯酸钠 | $NaClO_4$ | Alfa Aesar | 99.9％ |
| 滴定用氢氧化钠 | NaOH | Metrohm | 99.99％ |
| 滴定用高氯酸 | $HClO_4$ | Sigma-Aldrich | 99.9％ |
| 金属硝酸盐($K^+$、$Mg^{2+}$、$Sr^{2+}$、$Ba^{2+}$、$Cr^{3+}$、$Co^{2+}$、$Ni^{2+}$、$Cu^{2+}$、$Zn^{2+}$、$Cd^{2+}$、$Pb^{2+}$、$Ce^{2+}$) | | 北京化工厂 | ＞99％ |

自制去离子水用于溶液的配制,电位滴定所用超纯水煮沸排出二氧化碳
所有试剂购买后未经纯化,直接使用

　　数显磁力电子搅拌器,型号 98-3,北京大龙兴创实验仪器公司;

　　鼓风恒温干燥箱,型号 101-6,美国瑞普仪器公司;

　　真空干燥箱,型号 2XZ-2,上海一恒科学仪器有限公司;

　　聚四氟乙烯内胆水热反应釜,容量为 50 mL,北京瑞成伟业仪器设备有限公司;

　　pH 计,型号 PHS-3E,上海仪电科学仪器股份有限公司;

　　万分之一电子天平,型号 AL204,Mettler Toledo;

　　手动移液器,容量为 10 μL,20 μL,100 μL,200 μL,1 mL,5 mL,Eppendorf Research;

　　三用紫外分析仪,型号 ZF-1,上海宝山顾村电光仪器厂;

　　数控超声波清洗器,型号 KQ2200DE,昆山市超声仪器有限公司;

Zetasizer Nano 纳米粒度仪,型号 Nano ZS90,Malvern 马尔文仪器。

荧光光谱仪,型号 FluoroMax-4,日本 HORIBA 公司;

紫外吸收光谱仪(UV-Vis),型号 Cary 6000i UV-vis-NIR,Agilent Technologies;

红外光谱仪(FT-IR),型号 Nicolet NEXU 470,溴化钾(KBr)压片法测量;

透射电子显微镜(TEM),型号 JEM-2010,JEOL,加速电压 120 kV;

X 射线光电子能谱(XPS),X 射线 Al Kα 激发,1361 eV,250XI 光谱仪;

X 射线衍射(XRD),D8 ADVANCE X 射线衍射仪。

### 2.2.2　水热法制备氨基酸碳点

本章采用传统的碳点制备方法即水热法制备了不同氨基酸的碳点。4 种氨基酸分别是精氨酸(Arg)、甘氨酸(Gly)、赖氨酸(Lys)和丝氨酸(Ser),其结构式图 2-1 已经给出。以精氨酸碳点的制备方法为例,用天平称量 5 mmol 的柠檬酸和 10 mmol 的精氨酸放入烧杯中,加入 10 mL 的去离子水搅拌溶解,形成澄清的混合溶液。将混合溶液倒入 50 mL 水热反应釜的聚四氟乙烯内胆中,用盖子封装,放入鼓风恒温干燥箱内,设置温度为 180 ℃ 恒温持续反应 6 h。反应结束后待反应釜自然冷却,打开反应釜即可发现有黄色产物生成。将产物放入透析袋中(截留分子量 $M_w = 1000$ Da)用去离子水透析 24 h,去除尚未反应的原料。透析结束后将溶液置于干燥箱中,设置温度为 80 ℃ 进行烘干,收集烘干后的固体样品用于后续分析及应用。其他氨基酸如甘氨酸、赖氨酸和丝氨酸碳点的原料用量和制备过程同上,为方便后续描述,将 4 种不同氨基酸为原料制备的碳点分别命名为"ArgCDs""GlyCDs""LysCDs"和"SerCDs"。

### 2.2.3　碳点荧光量子产率的测定

荧光量子产率是指在所有处于激发态的分子中,通过发射荧光的方式回到基态的分子占全部激发态分子的比例,它是表征材料荧光强弱的参数,一般采用参比法测量。参比法中对于标准样品的选择要求标准样品的吸收波长应该和待测样品的激发波长相似,而且最好是两者具有相同的发射光谱区域。因此,本书采用硫酸奎宁(quinine sulfate)为标准样品(以 0.1 M 的 $H_2SO_4$ 为溶剂的溶液),它的荧光量子产率为 $\varphi = 0.54$,激发波长为 360 nm[191]。利用斜率法通过测量不同样品的荧光强度和紫外吸收,测定不同氨基酸碳点的荧光量子产率,具体操作步骤如下:

(1) 测量标准样品纯溶剂(此处为 0.1 M H$_2$SO$_4$ 溶液)的紫外吸收光谱,记录下激发波长处(360 nm)的吸收强度。

(2) 在 10 mm 的荧光光谱比色皿中测量该溶液的在 360 nm 激发下的荧光强度(发射光谱设定为 400~600 nm),计算并记录整个荧光光谱的荧光积分强度,也就是荧光光谱的积分面积。

(3) 选择 5 个浓度递增的标准样品并重复步骤(1)和步骤(2)。注意:连同纯溶剂的样品计算在内一共有 6 个样品,将其在 360 nm 处的吸光度分别定在 0、0.02、0.04、0.06、0.08 和 0.1 左右。为了避免多次吸收(readsorption effect)的影响[192],吸光度不能超过 0.1。

(4) 用测得的不同浓度下的荧光积分面积和吸收强度作图,可以得到一条直线,截距应该为 0,读取斜率。

(5) 将其他待测碳点的样品重复以上步骤即可得到不同的斜率。碳点的溶剂为去离子水,利用以下公式得到待测碳点的荧光量子产率:

$$\varphi_x = \varphi_{st}(K_x/K_{st})(\eta_x/\eta_{st})^2 \tag{2-1}$$

其中,$\varphi$ 是荧光量子产率,$K$ 是通过实验得到的斜率,$\eta$ 是折光率,下标 x 和 st 分别表示待测样品和标准样品。对于水溶液,认为 $\eta_x/\eta_{st}=1$。

### 2.2.4　碳点对 U(Ⅵ) 和其他金属离子的荧光响应

通过稀释 200 g/L 高浓度的硝酸铀酰溶液配制不同浓度和不同 pH 值的含 U(Ⅵ) 溶液。将硝酸铀酰溶液用容量瓶定容并稀释至 1 mg/L、2 mg/L、5 mg/L、10 mg/L、20 mg/L、50 mg/L、100 mg/L;加入 NaClO$_4$ 控制溶液的离子强度为 0.01 mol/L;用不同浓度的硝酸溶液和氢氧化钠溶液调节溶液的 pH 值为 5,即可制备不同浓度的 U(Ⅵ) 溶液。同样地,通过控制溶液的浓度为 100 mg/L,加入不同量的氢氧化钠和硝酸调节溶液的 pH 值分别为 2、3、4、5、6,即可获得不同 pH 值的 U(Ⅵ)。在探究不同氨基酸碳点对 U(Ⅵ) 的荧光响应时,向不同的 U(Ⅵ) 溶液中加入少量的氨基酸碳点的浓溶液,使氨基酸碳点的最终浓度固定为 10 mg/L。用荧光光谱仪测量不同碳点和 U(Ⅵ) 溶液结合后的荧光变化情况,并进行数据的整理与分析。

不同氨基酸碳点对其他金属离子的荧光响应的实验设计基本和上述相

同,固定金属离子的浓度为 100 mg/L,溶液的 pH 值调节为 5,分别加入不同的氨基酸碳点,使碳点的最终浓度为 10 mg/L。在荧光光谱仪上测量碳点和不同金属离子相结合后的荧光变化,整理并分析数据。

### 2.2.5　电位滴定法定量分析碳点表面的官能团

本章采用电位滴定法获取实验数据,利用软件拟合分析碳点表面官能团的含量、碳点与铀相互作用后的络合常数等参数。电位滴定法是一种常用的滴定方法,通过测量滴定过程中溶液电位的变化而确定滴定终点。相较于其他滴定方法,电位滴定法的灵敏度和准确度高,可以实现自动化和连续化操作。由于制备碳点的原料是氨基酸和柠檬酸,可以推测所制备碳点表面的官能团基本含有羧基、羟基和氨基等这类简单的官能团。由此可以类比其他小分子物质,通过电位滴定法获取碳点表面官能团质子化和去质子化的数据,进而利用软件分析拟合,定量测定碳点表面官能团的含量,同时获得碳点和 U(Ⅵ)结合以后的络合常数,对其络合机理进行深层次的剖析。

待滴定的体系有 ArgCDs、GlyCDs 和 GlyCDs 与 U(Ⅵ)络合后的溶液,本章采用的是碱滴定酸的方法,即先用 0.1 M 的高氯酸溶液(HClO$_4$)调节溶液为酸性,然后用 0.01 M 的 NaOH 溶液滴定至滴定终点。下面以 GlyCDs 体系为例进行详细的步骤说明,实验的具体操作如下。

(1) 配制待滴定的溶液。将自制的超纯水在电炉上加热煮沸 15 min,以排出水中溶解的少量二氧化碳,密封保存,用于配制所有的滴定溶液。高氯酸钠 NaClO$_4$ 的络合能力较差,不会对实验造成很大影响,因此在实验中,以 0.1 M 的 NaClO$_4$ 溶液作为背景电解质,用于调节所有溶液的离子强度,标记为 $I_{NaClO_4}$。用 1 L 的容量瓶配制 0.1 M 的 NaClO$_4$ 溶液,量取 50 mL 的溶液,加入 0.25 g GlyCDs 固体粉末并溶解,制备 5 g/L 的 GlyCDs 溶液。

(2) 电位滴定的设备由一个连接水浴泵的双层玻璃滴定容器,一台计算机,一个 pH 计(型号 713,Metrohm)连接一个 pH 电极(型号 8102,Orion),以及一个自动滴定管组成。自动滴定管的一侧连接盛有 0.01 M NaOH($I_{NaClO_4}$＝0.1 M)溶液的密封塑料瓶,防止空气中的二氧化碳进入影响实验结果;另一侧则放入滴定液中进行滴定。其中,用 1 M NaCl 溶液代替电极内部原始的 3 M KCl 溶液,是由于 KCl 和待滴定溶液中的

NaClO$_4$ 接触后生成的 KClO$_4$ 溶解度较低,会影响电极的准确度。在每次滴定实验之前,用标准酸和碱的溶液对电极校正,获得标准电极电位 $E_0$ 用于后续分析。具体步骤为,在玻璃滴定容器中放入 14.9 mL 的 NaClO$_4$ 溶液(0.1 M),再加入 0.1 mL HClO$_4$ 溶液(0.1 M),放入电极和一侧连接 0.01 M NaOH 溶液的滴定管,通入氩气,打开软件,一边搅拌一边滴定。在滴定过程中一直保持氩气的匀速通入是为了排除空气中 CO$_2$ 的干扰。

(3) 在完成对电极的校正后立即开始待测溶液的电位滴定。在玻璃滴定容器中加入 14.4 mL 的 NaClO$_4$(0.1 M)溶液、0.5 mL 的 GlyCDs(5 g/L,离子强度 $I_{NaClO_4}=0.1$ M)溶液、0.1 mL 的 HClO$_4$ 溶液(0.1 M),调节溶液的 pH 值小于 3,使碳点表面的官能团质子化。将电极、滴定管通入溶液,通入氩气,打开软件设置参数后开始自动滴定。在实验中,通过电极测量并记录滴定溶液的电位(electromotive force,EMF),可根据记录的 EMF 计算溶液中 H$^+$ 的浓度,EMF 和 H$^+$ 浓度的关系如下:

$$E = E_0 + RT/F \times \ln[H^+] + \gamma_H[H^+] \tag{2-2}$$

$$E = E_0 + RT/F \times \ln(K_w/[OH^-]) + \gamma_{OH}[OH^-] \tag{2-3}$$

其中,$E_0$ 是标准电极电位;$R$ 是气体常数,为 8.314 J/(mol·K);$F$ 是法拉第常数,为 96 485 C/mol;$T$ 是滴定实验过程中溶液的温度,单位是 K。在本章的实验中,利用水浴设备将溶液的温度恒定在 25 ℃,即 298.15 K。$K_w = [H^+][OH^-]$、$\gamma_H[H^+]$ 和 $\gamma_{OH}[OH^-]$ 分别代表氢离子和氢氧根离子的电极节点电位、氢离子和氢氧根离子浓度的比例。

为减小实验误差,本章对加入不同质量(2.5 mg,5.0 mg 和 10 mg)的 ArgCDs 和 GlyCDs 进行了电位滴定,将获得的电位滴定数据在 FITEQL 4.0 软件上进行了分析拟合,分析时所用到的分散液中的净质子浓度(net proton concentration,Net[H$^+$])通过式(2-3)计算:

$$Net[H^+] = (c_a - c_b)/V \tag{2-4}$$

其中,$c_a$ 是添加的 H$^+$ 的总量;$c_b$ 是添加的 OH$^-$ 的总量;$V$ 则是滴定溶液的总体积。

## 2.2.6　电位滴定法分析 GlyCDs 和 U(Ⅵ)的相互作用

在对碳点表面的官能团进行了定量分析后,本章筛选出 GlyCDs 进一步研究了碳点和 U(Ⅵ)相互作用的络合常数。首先,通过电位滴定法滴定 GlyCDs 和 U(Ⅵ)的分散溶液,具体电位滴定方法为在玻璃滴定容器中放入 14.5 mL 的 NaClO₄ 溶液(0.1 M)和 0.5 mL 的 GlyCDs 溶液(5 g/L),加入 20 μL 的硝酸铀酰溶液(0.122 M),最后加入一定量的 HClO₄ 溶液调节滴定溶液的 pH 值低于 3。设置参数,通入氩气开始滴定。同样地,为减小实验误差,本章通过改变加入的碳点的质量进行了不同的滴定实验。将获得的数据在 Hyperquad 2008 软件上进行分析拟合,得到 GlyCDs 和 U(Ⅵ)的络合常数。

## 2.3　结果与讨论

### 2.3.1　氨基酸碳点的制备和表征

#### 1. 形貌表征

采用 4 种氨基酸分别和柠檬酸在水热处理下制备了 4 种不同的碳点,分别为 ArgCDs、GlyCDs、LysCDs 和 SerCDs。首先用透射电子显微镜(TEM)对 4 种碳点的形貌进行了表征。图 2-2(a)的 TEM 照片表明碳点呈球状,分散性良好,4 种碳点均具有相对较窄的粒径分布,且平均粒径分别为 3.3 nm、2.3 nm、14.5 nm 和 2.4 nm(图 2-2(b))。然而,从 TEM 照片中并未观察到晶格结构,说明水热法制备的这 4 种氨基酸碳点是由无定形碳杂化组成的,这也和 XRD 的表征结果一致。从图 2-2(c)的 XRD 衍射峰可以看出 4 种碳点确实没有明显的晶型。

#### 2. 光学性质

本章还表征了 4 种氨基酸制备碳点的荧光性质。图 2-3 的表征结果显示,所有碳点均具有经典的光致发光行为,且随着激发波长从 300 nm 增加到 450 nm,发射光谱的峰值也从 400 nm 红移到了 550 nm 左右,这种发射光谱的峰值出现红移的现象在碳点的光谱中非常常见,可能是碳点粒径的不均一或者是表面状态的不同而导致的[86]。在 4 种碳点的发射光谱中,最大发射波长略有区别,分别是 422 nm(ArgCDs)、414 nm(GlyCDs)、424 nm(LysCDs)、446 nm(SerCDs),对应的激发波长分别为 340 nm(ArgCDs)、340 nm(GlyCDs)、340 nm(LysCDs)、380 nm(SerCDs),这也体现了不同原料制备的碳点性质的差异。此外,4 种氨基酸碳点的荧光光谱的最大激发波长和紫外吸收光谱 UV-Vis(图 2-4)的吸收峰值基本一致,UV-Vis 的光谱图表明 ArgCDs、GlyCDs 和 LysCDs 均在 340 nm 处有明显的吸

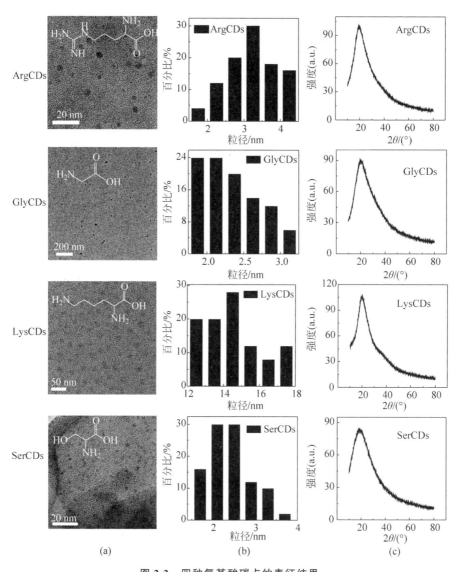

**图 2-2　四种氨基酸碳点的表征结果**

（a）TEM 照片；（b）粒径分布图；（c）XRD 表征图

收峰，和荧光光谱的最大激发波长一致。SerCDs 的 UV-Vis 光谱在 320 nm
左右有明显的吸收峰，而在 380 nm 左右有较小的吸收峰，和它的荧光最大
激发波长基本一致。在 UV-Vis 光谱中 340 nm 处的吸收峰可归因于碳氧
双键（C═O）上的 $n—π^*$ 电子转移[193]。

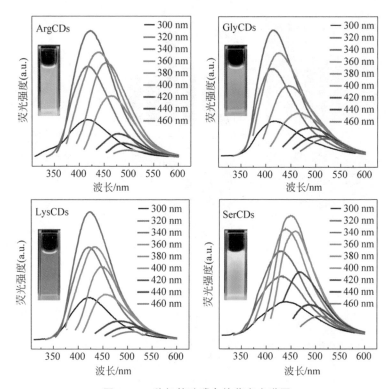

**图 2-3　4 种氨基酸碳点的荧光光谱图**

图例的波长为不同的激发波长,内置图为碳点的水溶液在 365 nm 紫外灯照射下的荧光照片

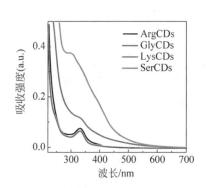

**图 2-4　4 种氨基酸碳点的 UV-Vis 吸收光谱图**

　　另外,当用 365 nm 的紫外灯照射 4 种氨基酸碳点的水溶液时,均发出蓝色荧光(图 2-3 的内置图)。以硫酸奎宁做标准物,以 360 nm 的激发波长激发,采用参比法测得的 4 种氨基酸碳点的荧光量子产率分别为 23.3%

（ArgCDs）、12.0%（GlyCDs）、10.6%（LysCDs）和 12.3%（SerCDs）。

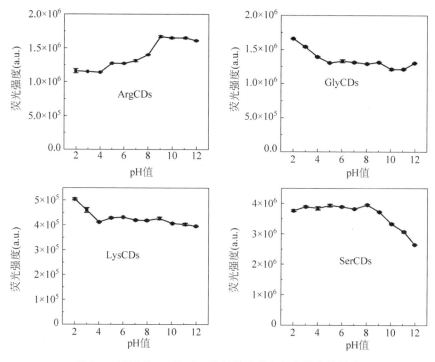

图 2-5 溶液的 pH 值对 4 种氨基酸碳点荧光强度的影响

大多数碳点的荧光强度会随着 pH 值的变化而有所改变。目前,虽然碳点的荧光机理尚无统一定论,但一部分研究学者认为其荧光可能与碳点表面的官能团有关[104]。尤其是对于一些含氮元素的碳点,其荧光量子产率相对较高,且溶液的 pH 值对其荧光强度有一定的影响,这可能是由于它们的荧光发射与碳点表面酸性/碱性的官能团相关[89,98]。因此,本章探究了溶液的 pH 值对碳点荧光强度的影响,首先考察了在 pH＝2～12 的溶液中碳点的荧光强度的变化。由图 2-5 可知,随着溶液碱性的增加,pH 值逐渐增大,ArgCDs 的荧光强度整体呈现上升的趋势,而剩余 3 种氨基酸碳点的荧光强度则表现出下降的趋势,其中 GlyCDs 和 LysCDs 的荧光强度先下降,之后基本保持平稳,而 SerCDs 的荧光强度则在刚开始基本不变,当 pH 值大于 8 时下降较快。由于这些碳点表面含有羧基、氨基和羟基等官能团,随着溶液 pH 值的逐渐升高,碳点表面的带电状态由正电转为负电,可能会导致碳点的荧光强度变化,也进一步表明碳点的荧光机理可能和其表面的官能团有关。碳点自身结构的复杂性和不确定性,以及碳点颗粒之间性质和结构的不统一性增加了深入分析的难度。

### 3. 结构和元素分析

此外,为了解 4 种氨基酸碳点的结构和元素组成,本章采用红外光谱仪和 X 射线光电子能谱仪(XPS)对不同氨基酸碳点做了进一步分析。红外光谱分析见图 2-6,可以观察到 4 种碳点表面的 N—H 和 C—H 的伸缩振动峰,C=O 的振动吸收带,N—H 和 C—H 的弯曲振动峰以及 C—N 的拉伸振动峰等的存在。虽然不同氨基酸碳点之间的峰值有微小的位移,但依旧能够说明它们表面均含有这些官能团。此外,对 4 种氨基酸碳点的元素含量和种类进行了更深入的分析。图 2-7 是不同碳点的 XPS 能谱,可以看到 4 种碳点均含有 C(284 eV)、N(400 eV)和 O(531 eV),但相对含量存在差异。4 种氨基酸碳点元素的含量列于表 2-2。数据显示,ArgCDs 的含氮量相对较高,这也和原料自身的结构有关。在这 4 种氨基酸碳点中,氮源是由氨基酸提供的,从 4 种氨基酸的结构式(图 2-1)可以看出,Arg 的含氮量相对较高,这可能也是导致 ArgCDs 的荧光量子产率(23.3%)较高的原因[89]。另外,表 2-2 中的数据表明,GlyCDs 的氧元素相对含量最高,约为32.3%,这也为后续与 U(Ⅵ)的相互作用创造了条件。通过对 XPS 谱图中4 种碳点的 C1s 峰的分峰处理,得到了石墨碳/脂肪碳(C=C/C—C,284.6 eV)、碳氮结构(C—N,286 eV)和碳氧结构(C=O,288 eV)的峰位置和相对比例(表 2-3)。可以看出在 4 种氨基酸碳点中,与碳相连的碳、氮、氧的峰位置略有差异,相对含量也不同。

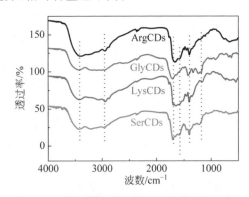

图 2-6　4 种氨基酸碳点的红外光谱图(FT-IR)

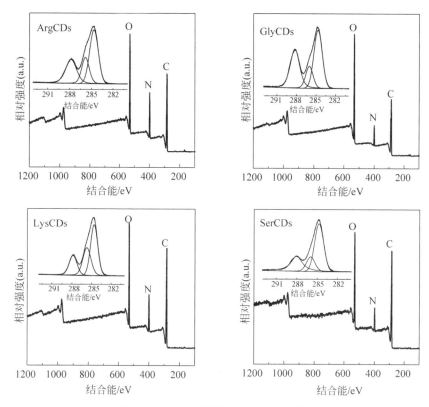

**图 2-7　4 种氨基酸碳点的 XPS 分析图**

内置图分别是碳点各自的 C1s 分峰图

上述所有表征结果证实了采用水热法以 4 种氨基酸分别和柠檬酸为原料成功制备了荧光碳点。4 种碳点均含有 C、N、O 3 种元素，且表面含有丰富的官能团，然而由于原料的不同，制备的 4 种氨基酸碳点在形貌结构、光学性质、元素的含量等性质方面存在差异。

**表 2-2　XPS 分析 4 种氨基酸碳点的元素含量**

|  | C1s/% | N1s/% | O1s/% |
|---|---|---|---|
| ArgCDs | 58.65 | 18.99 | 22.36 |
| GlyCDs | 57.48 | 10.27 | 32.25 |
| LysCDs | 63.49 | 15.06 | 21.45 |
| SerCDs | 67.12 | 10.15 | 22.73 |

表 2-3　XPS 分析中 C1s 的分峰结果

|  | C—C/C=C | 与氮相连的碳 C—N | 与氧相连的碳 C=O |
|---|---|---|---|
| ArgCDs | 284.7 eV | 285.8 eV | 287.8 eV |
|  | 47.8% | 21.9% | 30.3% |
| GlyCDs | 284.7 eV | 286.0 eV | 288.3 eV |
|  | 45.4% | 16.1% | 38.5% |
| LysCDs | 284.6 eV | 285.7 eV | 287.8 eV |
|  | 47.1% | 31.2% | 21.7% |
| SerCDs | 284.7 eV | 285.9 eV | 288.0 eV |
|  | 53.4% | 16.5% | 30.1% |

### 2.3.2　碳点对 U(Ⅵ)的荧光响应性能探究

通过对比碳点在水溶液和碳点在 U(Ⅵ)溶液中的荧光变化,发现这 4 种氨基酸碳点的荧光可以被 U(Ⅵ)淬灭,再分别考察 4 种氨基酸碳点和不同浓度的 U(Ⅵ)混合后荧光的淬灭情况。如图 2-8 所示,4 种氨基酸碳点的荧光淬灭趋势相同,即随着 U(Ⅵ)浓度的增加,荧光强度逐渐降低。同时也可以发现,在 U(Ⅵ)的浓度为 0~93 mg/L 时,ArgCDs 的荧光强度被 U(Ⅵ)淬灭的程度最大,而 SerCDs 的淬灭程度最小,尤其是在 93 mg/L 的 U(Ⅵ)溶液里,4 种碳点的荧光淬灭百分比($(I_0-I)/I_0×100\%$)分别为 60.5%(ArgCDs)、49.9%(GlyCDs)、55.2%(LysCDs)、31.3%(SerCDs)。

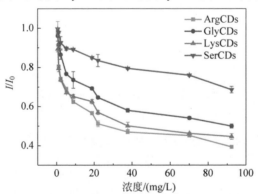

图 2-8　4 种氨基酸碳点在不同浓度 U(Ⅵ)(0~93 mg/L)
中的荧光淬灭程度

360 nm 激发,取光谱中 440 nm 处的荧光强度进行数据分析。碳点的浓度为 10 mg/L,其中,$I_0$ 为 4 种碳点在各自水溶液中的荧光强度值,$I$ 为在不同浓度 U(Ⅵ)溶液中碳点的荧光强度,pH=5

这些实验结果初步验证了以下结论：

（1）碳点和 U(Ⅵ)溶液结合后其荧光会被淬灭，可以利用荧光淬灭的现象检测 U(Ⅵ)。

（2）在不同浓度的 U(Ⅵ)溶液中，碳点荧光被淬灭的程度不一，其荧光强度会随着 U(Ⅵ)浓度的增加而逐渐降低，碳点可以作为检测 U(Ⅵ)的荧光探针。

（3）对于相同浓度的不同氨基酸碳点，它们对 U(Ⅵ)的荧光响应性能不同，从这 4 种氨基酸碳点中可以看出，在相同浓度的 U(Ⅵ)溶液中，ArgCDs 的荧光淬灭程度最大，而 SerCDs 的荧光淬灭程度较小。

不同 pH 值的含 U(Ⅵ)溶液对碳点荧光强度的淬灭情况如柱状图 2-9 所示，4 种氨基酸碳点的相对荧光强度（$I/I_0$）均随着 pH 值的增加逐渐减小，在 pH＝6 时又呈略微上升的趋势，这一现象和大部分吸附剂对 U(Ⅵ) 的吸附容量随 pH 值的变化相似。因为在低 pH 值时，溶液中的 $H^+$ 和 $UO_2^{2+}$ 是竞争关系，$H^+$ 占据了碳点和 U(Ⅵ)相结合的位点，其荧光淬灭程度较低。而随着 pH 值的增加，更多的结合位点暴露出来，使 U(Ⅵ)有机会和碳点结合并进一步淬灭碳点的荧光。在 U(Ⅵ)浓度为 100 mg/L 的体系下，当溶液的 pH 值上升到 6 时，已经有一部分 U(Ⅵ)沉淀，导致溶液中游离的 U(Ⅵ)浓度降低，和碳点结合后导致碳点的荧光淬灭程度整体低于

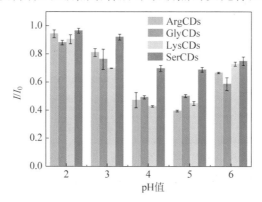

**图 2-9　4 种氨基酸碳点在不同 pH 值的 U(Ⅵ)溶液中的荧光强度变化情况**

其中，$I_0$ 为该碳点在对应 pH 值下的不含 U(Ⅵ)的溶液中的荧光强度。360 nm 激发，取荧光发射光谱中 440 nm 处的荧光强度进行数据分析。碳点的浓度为 10 mg/L，U(Ⅵ)浓度为 100 mg/L

pH＝5 的溶液。另外，对 4 种氨基酸碳点的观察比较发现，依旧是 SerCDs 在和 U(Ⅵ)结合以后的荧光强度淬灭程度最低，其他 3 种碳点在 pH＝4 和 5 时的荧光强度淬灭百分比在 50% 左右。这些实验证实了在相同浓度的 U(Ⅵ)溶液中，pH 值的不同对碳点荧光强度的影响存在差异。

### 2.3.3　碳点对其他金属离子的荧光响应性能探究

其他金属离子的干扰也是影响碳点作为荧光检测探针的重要因素之一。本节通过对比碳点和其他金属离子结合后的荧光强度变化发现(图 2-10)，4 种氨基酸碳点不仅对 U(Ⅵ)有荧光响应，对其他金属离子如 $Cr^{3+}$、$Co^{2+}$、$Ni^{2+}$、$Cu^{2+}$、$Pb^{2+}$ 和 $Ce^{2+}$ 也具有一定程度的荧光响应，尤其是在 $Cr^{3+}$ 和 $Cu^{2+}$ 的溶液中，4 种碳点的荧光淬灭程度大于 U(Ⅵ)。而 $K^+$、$Mg^{2+}$、$Sr^{2+}$、$Ba^{2+}$、$Zn^{2+}$ 和 $Cd^{2+}$ 等金属离子在和碳点混合后，碳点的荧光没有明显改变。对于同一种金属离子，可以发现不同的氨基酸碳点的荧光变化程度并不相同，这是由碳点的组成和结构的差异引起的。另外，由于碳点的荧光机理且它和金属离子作用后的荧光淬灭机理没有统一的结论，以及对金属离子具有选择性的碳点也没有合适的实验和技术手段表征其选择性的原因，此处并未进行深入讨论。本节实验得出了以下结论：同一种碳点对不同的金属离子的荧光响应有差异，而且不同的氨基酸碳点在和同一种金属离子混合后，其荧光强度的淬灭程度也有区别。

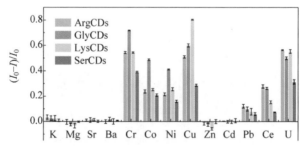

**图 2-10　4 种氨基酸碳点在和不同金属离子混合时荧光淬灭的比较**

实验采用 360 nm 激发，选择荧光发射光谱中 440 nm 处的荧光强度值进行数据分析。碳点的浓度为 10 mg/L，金属离子的浓度为 100 mg/L，pH＝5。其中，$I_0$ 是不加金属离子时，碳点在 pH＝5 的溶液中的荧光强度。此处数据是碳点在不同金属离子浓度下的荧光淬灭的百分比，即数据越大表明碳点的荧光淬灭程度越大，数据越小(越接近于 0)则说明碳点的荧光基本没有淬灭

## 2.3.4　碳点与 U(Ⅵ) 结合后的荧光淬灭机理

当碳点与淬灭剂如金属离子和其他分子等相结合时,其荧光淬灭机理
主要分为静态淬灭和动态淬灭两大类,其中静态淬灭是指荧光碳点和淬灭
剂之间通过相互作用结合成没有荧光的复合物[194],或者团聚成更大的颗
粒物质[195],进而淬灭碳点的荧光。动态淬灭则是荧光碳点和淬灭剂之间
发生碰撞导致电子转移等现象而引起的荧光淬灭。随着研究的深入和各种
实验现象的发现,人们对碳点的荧光淬灭机理有了更深入、全面的认识,对
其机理的区分也更加详细。如图 2-11 所示为碳点荧光机理的分类图,主要
包括静态淬灭(生成非荧光的物质)、内滤效应(inner filter effect,IFE)、光
诱导电子转移(photoinduced electronic energy transfer,PET)、荧光共振能
量转移(FRET,在能量给体和能量受体之间的能量转移现象)和动态淬
灭等[196]。

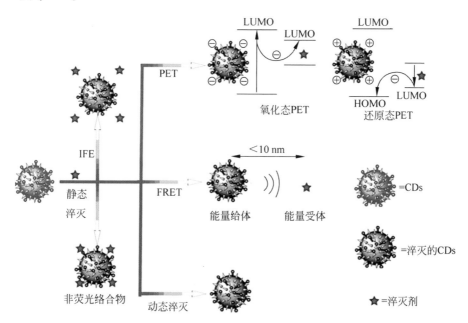

**图 2-11　碳点和淬灭剂结合后的荧光淬灭机理示意图**

Reproduction with permission from Ref. [196]. Copyright 2017,Elsevier.

在和淬灭剂结合前后,碳点荧光寿命的变化是表征其淬灭机理的一种有力的实验现象。一般认为,动态淬灭中的电子转移会引起荧光寿命的变化,而静态淬灭的 $\tau/\tau_0=1$,$\tau$ 和 $\tau_0$ 分别是加淬灭剂之前和之后碳点的荧光寿命。因此,本章首先表征了 4 种氨基酸碳点在和 U(Ⅵ)结合前后的荧光寿命的变化,采用时间相关单光子计数的方法(time-correlated single-photon counting,TCSPC)测定了它们的荧光寿命变化,如图 2-12 和表 2-4 所示,这些样品的荧光寿命可分为两部分($\tau_1$ 和 $\tau_2$),每部分的百分比见表 2-4。可以清楚地观察到 4 种氨基酸碳点在和 U(Ⅵ)结合后的荧光寿命均没有明显的变化,说明这 4 种氨基酸碳点和 U(Ⅵ)结合后荧光淬灭的机理是一种静态淬灭,即可能生成了没有荧光的物质或者发生了团聚而淬灭了碳点的荧光。

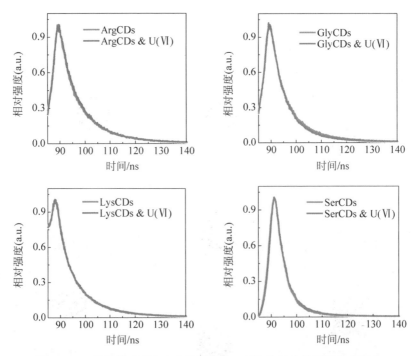

**图 2-12　4 种氨基酸碳点在水溶液和含 U(Ⅵ)溶液中的荧光寿命变化**
372 nm 的氙灯激发,记录 440 nm 发射时的单光子激发。碳点浓度为 10 mg/L,U(Ⅵ)浓度为 100 mg/L

**表 2-4　4 种氨基酸碳点在水溶液和含 U(Ⅵ)溶液中的荧光寿命**

| 样　品 | $\tau_1(\%)/\text{ns}$ | $\tau_2(\%)/\text{ns}$ |
|---|---|---|
| ArgCDs | 5.37 (42.6%) | 12.15 (57.4%) |
| ArgCDs&U(Ⅵ) | 5.19 (37.1%) | 12.02 (62.9%) |
| GlyCDs | 5.07 (55.5%) | 13.47 (44.5%) |
| GlyCDs&U(Ⅵ) | 5.20 (65.9%) | 12.47 (34.1%) |
| LysCDs | 4.33 (34.4%) | 11.87 (65.6%) |
| LysCDs&U(Ⅵ) | 4.42 (34.1%) | 12.34 (65.9%) |
| SerCDs | 3.62 (80.1%) | 10.40 (19.9%) |
| SerCDs&U(Ⅵ) | 3.61 (70.0%) | 10.11 (30.0%) |

　　为了进一步研究碳点和 U(Ⅵ)结合后是否引起了碳点的团聚,本章采用动态光散射法表征了碳点和 U(Ⅵ)作用前后粒径的变化。如图 2-13 所示,ArgCDs、LysCDs 和 SerCDs 在和 U(Ⅵ)结合后发生了团聚,粒径明显增大(表 2-5)。因此,加入 U(Ⅵ)以后碳点的团聚引发了荧光的淬灭。而对于 GlyCDs,其粒径在和 U(Ⅵ)结合前后没有明显增大,可能是其他原因

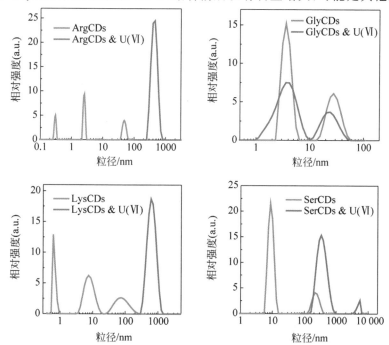

**图 2-13　动态光散射法测量 4 种氨基酸碳点在水溶液和**
**含 U(Ⅵ)溶液中的粒径分布情况**

导致碳点荧光的淬灭。关于碳点荧光机理的研究目前并没有明确的结论，而且碳点和金属离子结合后荧光淬灭的机理也存在很多理论。本章通过研究碳点在不同 pH 值溶液中荧光强度变化的实验发现，其荧光机理可能和碳点表面的官能团有关，本章推测可能是 GlyCDs 和 U(Ⅵ)混合后发生了配位作用，生成络合物耗散了碳点荧光的能量，引发了 GlyCDs 荧光的淬灭。因此，本章借助电位滴定法和热力学分析等手段，研究碳点和铀的络合机理、络合常数，同时为碳点荧光淬灭的机理提供依据。

表 2-5　动态光散射法测量四种氨基酸碳点在水溶液和含 U(Ⅵ)溶液中的粒径分布

| 样　品 | 粒径/nm | 百分比/% |
| --- | --- | --- |
| ArgCDs | 0.30 | 21.3 |
| | 2.53 | 45.9 |
| | 49.62 | 32.8 |
| ArgCDs&U(Ⅵ) | 446.5 | 100 |
| GlyCDs | 3.75 | 64.3 |
| | 29.10 | 35.7 |
| GlyCDs&U(Ⅵ) | 3.82 | 71.9 |
| | 24.76 | 28.1 |
| LysCDs | 0.67 | 27.2 |
| | 8.30 | 45.7 |
| | 86.38 | 27.1 |
| LysCDs&U(Ⅵ) | 663.8 | 100 |
| SerCDs | 9.14 | 80.9 |
| | 236.0 | 19.1 |
| SerCDs&U(Ⅵ) | 342.0 | 91.8 |
| | 5560.0 | 9.2 |

注：此表内容为每个峰的平均粒径的大小及其所占百分比。

### 2.3.5　电位滴定法研究碳点与 U(Ⅵ)的相互作用

酸碱电位滴定法一般适用于以弱酸、弱碱官能团的物质为配位体的体系。电位滴定法的特点是操作简单、获得数据快且结果准确，从结构明确的小分子物质（如柠檬酸[197]、氨基酸[198]）到结构不确定的物质（如石墨烯[199-200]、腐殖酸[201]）等，均可以用电位滴定法确定它们和金属离子的络合常数。这些物质（络合剂）与金属离子络合时，可以释放氢离子($H^+$)，$H^+$ 的量随络合剂与金属离子的量的不同而变化。用碱液滴定溶液中释放 $H^+$ 的量，通过软件的分析拟合得到络合剂与金属离子的络合作用。例如，对于一个简单的一元弱酸 HA 和二价金属离子 $M^{2+}$ 发生络合反应，其反应方程式如下：

$$HA + M^{2+} \longrightarrow H^+ + MA^+ \tag{2-5}$$

其络合常数为 $K$，此反应可以分为两个反应：

$$HA \longrightarrow H^+ + A^- \tag{2-6}$$

$$A^- + M^{2+} \longrightarrow MA^+ \tag{2-7}$$

络合常数分别为 $K_a$ 和 $K_1$：

$$K_a = \frac{[H^+][A^-]}{[HA]} \tag{2-8}$$

$$K_1 = \frac{[MA^+]}{[A^-][M^{2+}]} \tag{2-9}$$

因此，总反应式(2-2)中的络合常数 $K$ 可以记为

$$K = K_a \times K_1 = \frac{[H^+][A^-]}{[HA]} \times \frac{[MA^+]}{[A^-][M^{2+}]} = \frac{[MA^+][H^+]}{[HA][M^{2+}]} \tag{2-10}$$

其中，$[x]$ 表示某物质的摩尔浓度。因此，在用电位滴定法滴定了络合剂和金属离子的相互作用后，得到的实验数据可以用 FITEQL 或 Hyperquad 等软件对络合常数进行拟合分析，而在拟合过程中需要络合剂官能团的摩尔浓度和相应的解离常数($K_a$)。对于弱酸性、弱碱性官能团，也可以用酸度系数($pK_a$)表示它们的解离常数，其中，$pK_a = -\lg K_a$。

　　碳点是一种非均质的、具有不同官能团和不同大小的碳材料。由于原料的性质，碳点的表面一般含有大量弱酸性或弱碱性官能团，因此利用电位滴定法研究碳点与金属离子(如 U(Ⅵ))的相互作用是可行的。碳点表面官能团的定性分析可以通过前文讲述的红外光谱、XPS 能谱等手段进行初步分析。然而，由于制备原料和制备方法的不同，碳点表面官能团的种类和含量相差很大，而且碳点的非均质性给其表面官能团种类的确定和定量分析带来了困难，即获取碳点表面官能团的摩尔浓度和相应的酸度系数 $pK_a$ 成为本研究的难点。截至目前，很少有文献研究碳点表面官能团的酸度系数[202-203]，而对其官能团的摩尔质量的定量分析和碳点与金属离子的相互作用的研究更是寥寥无几[142]。

　　基于上述讨论，本节研究了碳点与 U(Ⅵ)相互作用的络合常数。首先，利用电位滴定法对碳点表面的官能团进行了定量分析。通过碱滴定酸的电位滴定获取数据，利用 FITEQL 和 Hyperquad 软件将碳点表面官能团简化为两大类进行数据拟合，得到了官能团的摩尔浓度和相应的酸度系数 $pK_a$。其次，研究了 GlyCDs 和 U(Ⅵ)的相互作用。利用电位滴定法获得了 GlyCDs 和 U(Ⅵ)混合后的实验数据，基于 Hyperquad 软件拟合分析了 GlyCDs 和 U(Ⅵ)的络合形式、络合常数，完成了对碳点与 U(Ⅵ)络合常数的研究。

### 1. 碳点表面官能团的定量分析

本章的碳点是以柠檬酸和不同的氨基酸为原料制备的，通过红外光谱、XPS 能谱等方法的分析，发现其表面含有大量弱酸性和弱碱性的官能团。因此，本章首先对 4 种氨基酸碳点进行了电位滴定，试图对其表面的官能团进行定量分析。如图 2-14 所示，首先加入相同质量的碳点，其次加入 0.1 mL 的 $HClO_4$ 溶液(0.1 M)将初始滴定溶液的 pH 值调至 3 以下，随着滴定剂 0.01 M 的 NaOH 溶液逐渐滴加，滴定液的 pH 值也逐渐增大，直至最后溶液的 pH 值大于 10 时停止滴定。由于额外添加的 $HClO_4$ 的量为 0.04 mM，至少需要 4 mL 的 NaOH 滴定液溶液的 pH 值方可达到中性。而从图 2-14 可以看到，在其他实验条件一定的情况下，4 种氨基酸碳点的滴定行为是不同的。其中，GlyCDs 呈现较强的酸性，即当溶液 pH 值达到中性时所需的氢氧化钠量最多，大约为 7.5 mL；而 ArgCDs 和 LysCDs 则表现出相似的中性性质，即溶液的 pH 值到达中性时大约需要 4.5 mL 的 NaOH 溶液，这也和 4 种碳点的氨基酸结构性质相吻合，Arg 氨基酸中含有较多的氨基和含氮官能团，而 Gly 氨基酸是最简单的氨基酸，只含有一个氨基。因此，本章在 4 种氨基酸碳点中选取了两种具有代表性的氨基酸碳点，即 ArgCDs 和 GlyCDs 进行了后续的滴定实验，并对两种氨基酸碳点表面的官能团进行了定量的拟合分析。

本章通过加入不同质量的 ArgCDs 和 GlyCDs 对两种碳点进行了电位滴定，结果如图 2-15 所示。实验方法同上，实验中只有碳点的质量发生了变化。通过图 2-15(a)ArgCDs 的滴定结果可以看到，当溶液的 pH 值达到 7(中性)时，质量不同的 ArgCDs 所需的 NaOH 溶液的量是相同的，大约为 4.5 mL。在 pH 值小于 7 的酸性区域，当滴加相同体积的 NaOH 溶液时，加入 ArgCDs 的质量越多，滴定体系的 pH 值越高，而在 pH 值大于 7 的碱性区域，固定 NaOH 的体积，体系的 pH 值随碳点质量的增加而减小。说明 ArgCDs 这种中性物质表面的酸性官能团($-COOH$ 等)和碱性官能团($-NH_2$ 等)发挥了缓冲溶液的性质。

如图 2-15(b)所示的 GlyCDs 则有着不同的滴定结果。可以看到，随着碳点质量的增加，溶液达到中性即 pH=7 时，所需 NaOH 溶液的体积也逐渐由 6 mL 左右增大到 10 mL 左右，这也进一步说明了 GlyCDs 是一种酸性很强的碳点。由于在 GlyCDs 的制备原料中，Gly 仅含有一个氨基，导致所制备的 GlyCDs 碳点表面的$-COOH$ 占主导地位，是一种酸性很强的碳点。

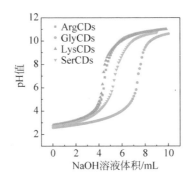

**图 2-14　4 种氨基酸碳点的滴定曲线(随着 0.01 M 的 NaOH 溶液的滴加,滴定液的 pH 值的变化情况)**

实验中加入相同质量的氨基酸碳点和其他溶液,并且额外添加 0.4 mL 的 $HClO_4$(0.1 M)酸溶液,将滴定液的 pH 值调节至 3 以下,滴加 0.01 M 的 NaOH 溶液,记录电极电动势并转化成 pH 值

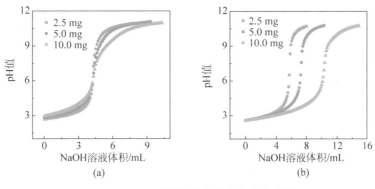

**图 2-15　不同质量的碳点的电位滴定曲线**

(a) ArgCDs;(b) GlyCDs

　　因此,本章对两种碳点表面的官能团进行了定量的模拟分析,为简化拟合的模型,本章将 ArgCDs 和 GlyCDs 表面的官能团分为两类,其中 ArgCDs 的官能团分为酸性位点(Acidic,简称为"位点 A")和碱性位点(Basic,简称为"位点 B")。GlyCDs 表面的官能团分为两种酸性不同的位点,分别称为"位点 S"和"位点 W",其中 S 和 W 分别是"Stronger"和"Weaker"的缩写。利用上述电位滴定的实验数据,在 FITEQL 4.0 中建立模型进行模拟分析,ArgCDs 的拟合结果见图 2-16,GlyCDs 的拟合结果见图 2-17。在用 FITEQL 4.0 模拟

时,采用表面络合模型(surface complexation modeling,SCM)中的扩散层模型对两种碳点表面的官能团进行拟合分析。从图 2-16(a)和图 2-17(a)可以看出,两种碳点的拟合数据和实验数据吻合良好,拟合结果即碳点表面官能团的相对含量,其中不同质量的 ArgCDs 的两种官能团位点 A 和位点 B 的相对含量如图 2-16(b)所示,图 2-17(b)则是不同质量的 GlyCDs 表面的两种官能团的拟合含量。图 2-16(b)和图 2-17(b)的斜率单位为 mol/g,即每克碳点表面此种官能团的摩尔含量,具体数值见表 2-6 和表 2-7。

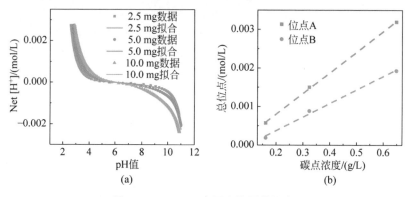

**图 2-16　ArgCDs 表面官能团的拟合**

(a) 不同浓度的 ArgCDs 的滴定数据和 SCM 模型拟合结果;(b) ArgCDs 的质量浓度和拟合所得的碳点表面官能团位点 A 和 B 的摩尔密度之间的线性关系图。其中,纵坐标的摩尔密度数据由 FITEQL 4.0 直接拟合得到

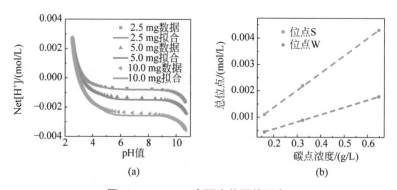

**图 2-17　GlyCDs 表面官能团的拟合**

(a) 不同浓度的 GlyCDs 的滴定数据和 SCM 模型拟合结果;(b) GlyCDs 的质量浓度和拟合所得的碳点表面官能团位点 S 和 W 的摩尔密度之间的线性关系图。其中,纵坐标的摩尔密度由 FITEQL 4.0 直接拟合得到

表 2-6　FITEQL 软件拟合 ArgCDs 活性位点的摩尔浓度数据

| 序　号 | 1 | 2 | 3 | 斜率/(mol/g) |
|---|---|---|---|---|
| ArgCDs 浓度/(g/L) | 0.162 | 0.324 | 0.648 | |
| 位点 A/(mol/L) | 0.002 93 | 0.0136 | 0.0297 | 0.005 36 |
| 位点 B/(mol/L) | 0.0015 | 0.003 19 | 0.005 36 | 0.003 52 |

表 2-7　FITEQL 软件拟合 GlyCDs 活性位点的摩尔浓度数据

| 序　号 | 1 | 2 | 3 | 斜率/(mol/g) |
|---|---|---|---|---|
| GlyCDs 浓度/(g/L) | 0.162 | 0.324 | 0.648 | |
| 位点 S/(mol/L) | 0.0011 | 0.0022 | 0.0043 | 0.006 57 |
| 位点 W/(mol/L) | 0.000 445 | 0.000 89 | 0.001 78 | 0.002 75 |

最后,本章对这两种氨基酸碳点表面官能团的酸度系数 $pK_a$ 进行了拟合分析。将上述拟合数据和其他实验条件输入 Hyperquad 2008 进行拟合分析,所得结果见图 2-18 和图 2-19。图 2-18 是 ArgCDs 表面酸性位点 A 和碱性位点 B 的拟合结果,可以发现,在酸性位点 A 电离结束后,碱性位点 B 开始逐渐电离;在酸性区域,溶液主要表现为酸性位点的电离,而在碱性区域则主要是碱性位点的电离。结果显示位点 A 的酸度系数 $pK_a$ 为 $3.19\pm0.03$,位点 B 的 $pK_a$ 为 $9.12\pm0.03$。

图 2-19 列出的则是 GlyCDs 表面两种酸性官能团位点 S 和位点 W 的去质子化过程。由图 2-19(a)可知,由于位点 S 具有较强的酸性,在滴定初始,溶液 pH 值小于 3 时,溶液中部分位点 S 被质子化,而位点 W 则完全呈质子化状态存在。随着 NaOH 的滴加,溶液的 pH 值逐渐上升,溶液中质子化的 SH 含量逐渐降低,与之对应的是位点 S 含量的上升。当大部分质子化的 SH 消失时,酸性较弱的质子化位点 WH 开始解离,同时伴随着位点 W 的含量急剧上升。比较图 2-19(a)、(b)和(c),可以发现随着碳点浓度的增加,酸性位点 SH 完全电离结束所需 NaOH 溶液的量逐渐增多,也进一步说明 GlyCDs 是一种酸性较强的碳点。软件拟合的位点 S 和位点 W 的酸度系数 $pK_a$ 分别为 $2.61\pm0.06$ 和 $4.98\pm0.06$,这代表的可能是两种所处环境不同的羧基的酸度系数。

**2. GlyCDs 和 U(Ⅵ)络合常数的拟合**

通过 2.3.4 节对碳点和 U(Ⅵ)结合后荧光淬灭机理的研究发现,ArgCDs、LysCDs、SerCDs 和 U(Ⅵ)相互作用后均发生了团聚,而只有 GlyCDs 在和 U(Ⅵ)结合前后的粒径没有明显变化,说明 GlyCDs 并没有发

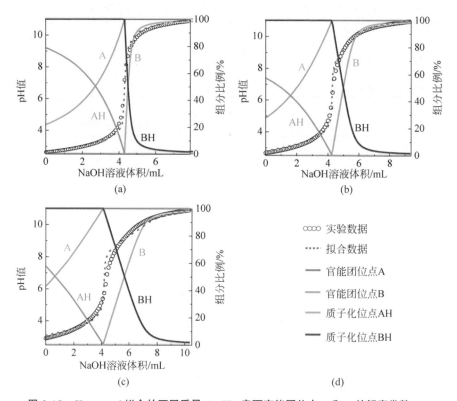

**图 2-18　Hyperquad 拟合的不同质量 ArgCDs 表面官能团位点 A 和 B 的解离常数 pK_a**

(a) 2.5 mg CDs；(b) 5.0 mg CDs；(c) 10.0 mg CDs；(d) 对图中曲线的注释

生团聚，而是其表面的官能团和 U(Ⅵ)发生了络合反应，因此本章试图利用电位滴定的方法确定这一络合反应的络合常数。而其他 3 种碳点和 U(Ⅵ)之间也可能存在络合作用，但由于加入 U(Ⅵ)以后的团聚会引起碳点的浓度发生变化，在滴定过程中会对各种参数造成影响，使最终的滴定结果不可信。因此，本章研究了 GlyCDs 和 U(Ⅵ)相互作用后的络合常数。

　　首先，用电位滴定法表征了不同浓度 GlyCDs 和 U(Ⅵ)结合前后的电位滴定曲线，如图 2-20 所示。可以发现，对于同一浓度的碳点而言，当加入相同体积的 NaOH 溶液时，和 U(Ⅵ)结合的 GlyCDs 的滴定曲线具有较低的 pH 值，且对于不同浓度的碳点，均出现了这一现象。产生该现象的原因是碳点表面弱酸性的官能团和 U(Ⅵ)的结合，导致较多的 H⁺ 从官能团被释放出来，降低了溶液的 pH 值。

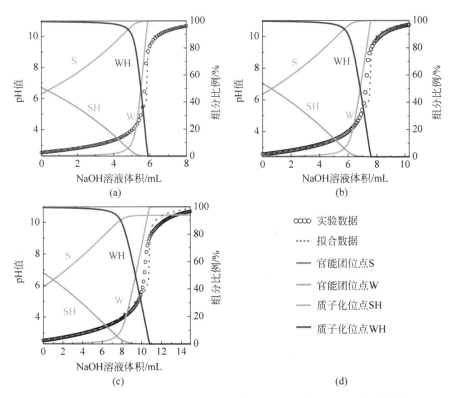

**图 2-19　Hyperquad 拟合的不同质量 GlyCDs 表面官能团位点 S 和 W 的解离常数 pK$_a$**

(a) 2.5 mg CDs；(b) 5.0 mg CDs；(c) 10.0 mg CDs；(d) 对图中曲线的注释

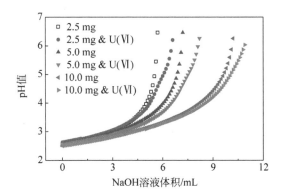

**图 2-20　不同质量的 GlyCDs 和 U(Ⅵ)结合前后的电位滴定数据图**

本章利用 Hyperquad 软件对上述不同浓度的 GlyCDs 和 U(Ⅵ)混合后的滴定曲线进行了拟合分析,具体结果见图 2-22。为便于数据描述和分析,本章利用 Hyss 软件对图 2-22(a)的曲线进行了分析,结果见图 2-21。从图 2-21 中的拟合曲线可以发现,在溶液的 pH 值为 2～8 时,各种形式的 U(Ⅵ)表现出不同的变化趋势。当溶液的 pH 值低于 3 时,溶液中超过 80% 的 U(Ⅵ)呈游离态的铀酰离子($UO_2^{2+}$),剩余的 U(Ⅵ)和位点 SH 络合为 $(UO_2)SH^{2+}$。因为位点 S 的酸度系数 $pK_a$ 为 2.61,酸性比较强,此时的 S 可能是以和—$NH_2$ 相邻较近的—COOH 的形式存在,其状态是—OOC—C—$NH_3^+$,因此以 SH 的形式和铀酰离子络合。随着 pH 值的增加,S—$UO_2$—W 络合产物逐渐出现,这是由于溶液中解离出较多的位点 S 和位点 W 可以参与络合。滴加 NaOH,溶液的 pH 值进一步增加,铀酰离子发生初步的水解反应生成$(UO_2)(OH)^+$,位点 W 和水解产物的络合 $W(UO_2)(OH)$ 也逐渐出现并随着 pH 值的增加而增多,因此,图 2-21 中铀酰离子的一级水解产物百分含量较少。此时,二级水解产物$(UO_2)_2(OH)_2^{2+}$ 开始出现,在 pH 值升高到 4.5 左右时,铀酰离子的三级水解产物$(UO_2)_3(OH)_5^+$ 逐渐出现,并随着 pH 值的增加迅速升高,在 pH=8 时,溶液中 90% 以上的 U(Ⅵ)以$(UO_2)_3(OH)_5^+$ 的形式存在,且此时铀酰离子和位点 S 及位点 W 的络合产物也基本消失。

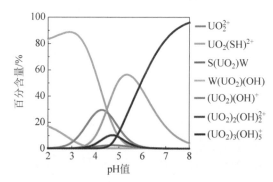

**图 2-21　2.5 mg 碳点和 U(Ⅵ)混合后滴定拟合结果中,**
**U(Ⅵ)的不同存在形式及其百分含量**

此外,对比图 2-21 中不同浓度的碳点和 U(Ⅵ)结合后滴定曲线的分析结果可以看到,随着碳点浓度的增加,在溶液 pH 值达到 3 时,游离的铀酰离子百分含量逐渐减小,而$(UO_2)SH^{2+}$ 和 S—$UO_2$—W 络合产物相应增加。当溶液 pH 值升高至 5 时,OH—$UO_2$—W 络合产物的百分含量随着碳点浓度的增加逐渐升高,与之对应的是铀酰离子的水解产物逐渐消失。

这是由于络合剂碳点越来越多,其表面官能团的含量随之增加,和 U(Ⅵ)络合的产物也会相应增多。具体络合反应的络合常数 $\log K$ 见表 2-8。

表 2-8　铀酰离子和不同物质结合后的络合常数

| 络 合 反 应 | 络合常数 $\log K$ |
|---|---|
| $H^+ + S^- \longrightarrow SH$ | $2.61 \pm 0.06$ |
| $H^+ + W^- \longrightarrow WH$ | $4.98 \pm 0.06$ |
| $UO_2^{2+} + OH^- \longrightarrow (UO_2)(OH)^+$ | $8.12$ |
| $2UO_2^{2+} + 2OH^- \longrightarrow (UO_2)_2(OH)_2^{2+}$ | $21.55$ |
| $3UO_2^{2+} + 5OH^- \longrightarrow (UO_2)_3(OH)_5^+$ | $52.13$ |
| $SH + UO_2^{2+} \longrightarrow (UO_2)SH^{2+}$ | $5.00 \pm 0.27$ |
| $S^- + UO_2^{2+} + W^- \longrightarrow S(UO_2)W$ | $7.20 \pm 0.05$ |
| $W^- + UO_2^{2+} + OH^- \longrightarrow W(UO_2)(OH)$ | $13.43 \pm 0.03$ |

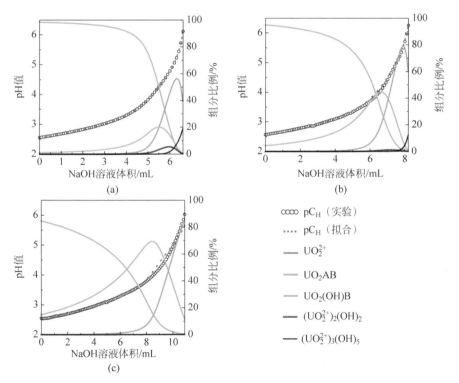

图 2-22　Hyperquad 拟合不同质量 GlyCDs 表面的官能团和 U(Ⅵ)作用后的络合常数

(a) 2.5 mg CDs；(b) 5.0 mg CDs；(c) 10.0 mg CDs

通过上述电位滴定实验和分析，本章完成了对碳点表面官能团的定量分析和对其酸度系数 $pK_a$ 的拟合。此外，通过对 GlyCDs 和 U(Ⅵ)混合的溶液的电位滴定，以及利用 Hyperquad 的拟合分析，得到了 GlyCDs 表面两种酸性不同的官能团(S 和 W)与铀酰离子络合的形式和络合常数，分别是 $(UO_2)SH^{2+}$ ($logK = 5.00$)、$S(UO_2)W$ ($logK = 7.20$) 和 $W(UO_2)(OH)$ ($logK = 13.43$)，实现了对碳点和 U(Ⅵ)相互作用的研究目标，同时也进一步说明 GlyCDs 和 U(Ⅵ)结合后形成了不同形式的络合物，引发了碳点荧光的淬灭。

# 第3章 等离子体法制备 EDACDs 及其对 U(Ⅵ)的荧光响应

## 3.1 引　　言

　　碳点制备方法的不同也会引起性质的差异。第2章采用水热法处理不同的氨基酸制备了4种荧光碳点,但值得提出的是这种方法耗时、耗能,温度较高,制备过程一般需要几小时到几天不等,相对烦琐。因此,本章致力于探索新型的、快速的碳点制备方法,并研究不同方法制备的碳点的性质差异。

　　近年来,对等离子体-溶液体系和以非热的常压等离子体作为气体电极的基础研究和应用引起了众多研究学者的关注[174,176]。等离子体(plasma)电化学在通电状态下可以实现在等离子体-液体界面处的电子转移,相较于普通电化学反应,等离子体电极不接触溶液,而且等离子体内部含有很多氧化性自由基等物质[175]。因此,基于等离子体阴极在金属纳米颗粒的制备方面的应用研究备受关注[187],表现出如合成快速、反应条件温和,以及能耗低等方面的优势[184,186]。然而,对等离子体阳极的应用研究较少,相较于等离子体阴极,阳极也可以实现电荷的传输[185,204],其内部体系更为复杂,具有很多氧化活性自由基可以参与反应。因此,等离子体阳极在纳米颗粒的制备方面需要更多的探索和研究。

　　在原料选取方面,本章发现柠檬酸和乙二胺是常用的碳源和氮源,Zhu等[86]将柠檬酸和乙二胺为原料,以水热法处理制备了性能良好的荧光碳点,并对其反应机理进行了初步探究。因此,本章将利用柠檬酸和乙二胺这一成熟的反应体系为原料,以击穿氩气所获得的等离子体作为阳极,Pt丝作为阴极,建立新型的碳点制备方法。这种等离子体电化学制备碳点的方法简单、快速,并且可以实时观察碳点的合成情况。采用透射电子显微镜(TEM)、原子力显微镜(AFM)、荧光光谱仪、紫外可见吸收光谱仪、X射线衍射(XRD)、傅里叶变换红外光谱仪(FT-IR)、X射线光电子能谱(XPS)等表征手段获得了碳点的形貌、荧光性质和结构组成等信息。此外,将新制备的碳点和水热法所制备的碳点进行对比,寻找两者性质的差异。通过设计实验,研究、讨论等离子体阳极制备碳点的机理。将所制备的碳点首次应用于溶液中 U(Ⅵ) 的检测,探究其检测性能和荧光淬灭机理。

## 3.2　实验部分

### 3.2.1　实验试剂与仪器

实验所用试剂信息见表 3-1。

**表 3-1　实验试剂信息汇总**

| 试　　剂 | 英文名称/化学式 | 购买公司 | 纯　　度 |
|---|---|---|---|
| 柠檬酸 | citric acid,CA | Alfa Aesar | 99.5% |
| 乙二胺 | ethylenediamine,EDA | Aladdin | 98% |
| 柠檬酸铵 | ammonium citrate | Alfa Aesar | 99% |
| 尿素 | $CO(NH_2)_2$ | 北京化工厂 | 99.0% |
| 氨水 | $NH_3 \cdot H_2O$ | 天津市致远化学试剂有限公司 | 25% |
| 氢氧化钠 | NaOH | 北京化工厂 | >99.5% |
| 硝酸 | $HNO_3$ | 北京化工厂 | 65wt.% |
| 金属硝酸盐($K^+$、$Mg^{2+}$、$Sr^{2+}$、$Ba^{2+}$、$Cr^{3+}$、$Co^{2+}$、$Ni^{2+}$、$Cu^{2+}$、$Zn^{2+}$、$Cd^{2+}$、$Pb^{2+}$、$Ce^{2+}$) | | 北京化工厂 | >99% |
| 自制去离子水用于溶液的配制,所有试剂购买后未经纯化,直接使用 | | | |

原子力显微镜(AFM),型号 SPM-960,日本岛津公司(Shimadzu Corporation,Japan)。

实验中所用的 H 形玻璃反应容器定做于北京科普佳实验仪器有限公司。

实验所用其余仪器、设备的型号和生产厂家同 2.2.1 节的实验试剂与仪器。

等离子体电化学的装置如图 3-1 所示,它是由高压直流电源(型号:DW-P503-1AC,东文高压电源(天津)有限公司)、Pt 丝电极(天津艾达恒晟科技发展有限公司购买)、电阻(200 kΩ)和一个内径为 180 μm 的空心不锈钢管通过导线连接而成的一套装置。实验开始时,在不锈钢管内通氩气,将不锈钢管置于溶液上方 2～3 mm 处,接通电源,在常温常压下即可产生等离子体。

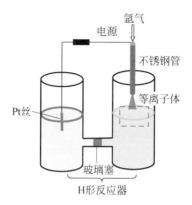

**图 3-1  等离子体电化学装置示意图**

## 3.2.2  等离子体法制备 EDACDs

本章采用等离子体电化学的方法制备碳点。首先,用天平称取 1.051 g 柠檬酸,用移液枪移取 335 μL 的乙二胺液体。其次,量取 10 mL 去离子水,依次放入烧杯中,加入磁子,搅拌至溶液澄清。将混合溶液转移到 H 形的玻璃反应器的两侧,每侧各 10 mL,利用上述的等离子体电化学装置,保持不锈钢管的尖端在溶液上方约 2 mm 处,铂丝电极浸入溶液中,氩气的流速为 60 sccm(标准立方厘米每分钟),接通电源,调节并固定输出电流为 6 mA,此时电压约为 2500 V,即可开始碳点的制备。通过改变等离子体阳极作用的时间(5 min、10 min、20 min、30 min 和 60 min)、电流的大小(6 mA 和 10 mA)、原料的用量(乙二胺的用量)、种类(乙二胺,尿素,氨水,氢氧化钠和柠檬酸钠等)等条件得到不同的产物,用于探究等离子体阳极的作用原理和碳点的合成机理。

最后,固定反应时间为 30 min 和反应电流为 6 mA,将所制备的碳点在透析袋中透析 24 h,去除多余的原料,之后在冷冻干燥机内进行干燥,收集干燥的粉末样品,用于后续的实验表征和应用。为了便于描述,将此碳点命名为"EDACDs",其中 EDA 是乙二胺(ethylenediamine)的英文缩写,CDs 是 carbon dots 的缩写。

## 3.2.3  水热法制备 HCDs

作为对比,本章还采用水热法以柠檬酸和乙二胺为原料制备了碳点。

原料的配比和用量与上述一致,反应条件和方法参考 Zhu 等的实验描述[86]。将柠檬酸和乙二胺的混合澄清溶液倒入聚四氟乙烯的内衬中,放入不锈钢反应釜内,密封拧紧。放入恒温烘箱内设置温度为 200 ℃,持续反应5 h 后关闭烘箱,待反应釜自然冷却,取出反应后的粗产物,将其放入透析袋内(Mw＝1000 Da)透析 24 h,去除未反应的原料。将反应后的溶液放入烘箱,在 80 ℃下进行低温干燥,收集干燥后的粉末待用。同样地,为便于描述,将此水热法制备的碳点命名为"HCDs",其中 H 是水热法(hydrothermal)的英文缩写。

### 3.2.4　EDACDs 在检测 U(Ⅵ)中的应用

把反应时间为 30 min、反应电流为 10 mA 的柠檬酸和乙二胺制备的碳点用于 U(Ⅵ)的检测。将少量的碳点加入 pH＝5 的 U(Ⅵ)浓度不同的溶液中,在荧光光谱仪上以 350 nm 波长为激发光,检测其发射光谱中荧光强度的变化。在金属离子的选择性实验中,同样将碳点加入 pH＝5、浓度为100 mg/L 的不同金属离子溶液中,采用 350 nm 激发光激发,记录发射光谱中 430 nm 峰值处荧光强度的数值并进行分析。

## 3.3　结果与讨论

### 3.3.1　碳点的制备与表征

本章采用等离子体辅助的方法制备了碳点(EDACDs),以等离子体为阳极,Pt 丝为阴极,在电流恒定的条件下通过处理柠檬酸和乙二胺的混合水溶液而制得。设置初始反应电流为 6 mA,在等离子体阳极作用的过程中,如图 3-2(a)所示,可以看到混合溶液在短短几分钟内即由无色变为淡黄色,表明 EDACDs 的生成,说明等离子体法是一种快速制备碳点的方法。随着反应时间的增加,溶液的颜色逐渐加深,更多 EDACDs逐渐生成,同时也表明所制备的 EDACDs 具有良好的水溶性。同样,在相同的反应时间内,将电流从 6 mA 升高到 10 mA,可以获得更多的 EDACDs(图 3-2(b))。

本章对反应电流为 6 mA 和反应时间为 30min 的碳点进行了一系列表征。如图 3-2(c)所示的 TEM 照片,可以清楚地看到所制备 EDACDs 呈圆形的点状,颗粒大小均一,没有发生团聚现象,说明其分散性能良好。通过对粒径的分析发现其平均粒径为 $2.5 \pm 0.5$ nm(图 3-3(a))。在 EDACDs

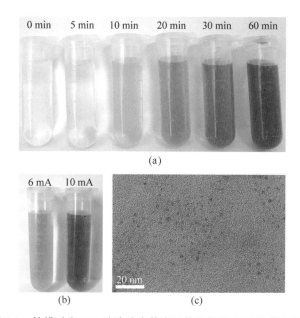

图 3-2　柠檬酸和乙二胺溶液在等离子体阳极处理下的碳点照片

（a）不同反应时间的照片；（b）不同反应电流的照片；（c）EDACDs 的 TEM 照片

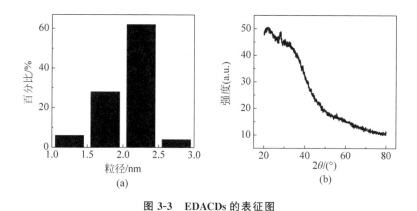

图 3-3　EDACDs 的表征图

（a）粒径分布图（从 TEM 照片选取 50 个碳点分析）；（b）XRD 分析

的 TEM 照片上没有观察到明显的晶格条纹，且 XRD 表征结果（图 3-3（b））也证实了 EDACDs 没有明显的晶格结构。探究碳点的高度分布，通过原子力显微镜的表征发现 EDACDs 呈点状分散在云母石上（图 3-4），且通过对高度的量取和高斯曲线的拟合发现，其平均高度为 $1.5\pm0.1$ nm，表明所制

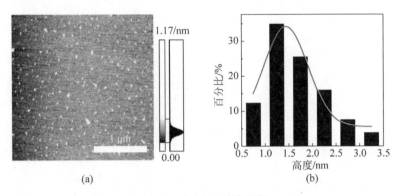

(a)　　　　　　　　　　　　　　　　(b)

**图 3-4　EDACDs 的表征图**

（a）AFM 照片；（b）高度分布图（从 AFM 图中选取 100 个 EDACDs，用软件量取其高度并做数据分析）

备的碳点呈椭球型。作为对比，本章也对水热法制备的 HCDs 的形貌进行了初步表征，如图 3-5(a)所示，在透射电子显微镜下，可以观察到很多分散良好的碳纳米颗粒。对 HCDs 的 XRD 分析如图 3-5(b)所示，结果显示水热法制备的 HCDs 同样没有明显的石墨烯晶格结构，而是由无定型碳组成的碳纳米结构，与 Zhu 等以水热法制备碳点的表征结果一致[86]。

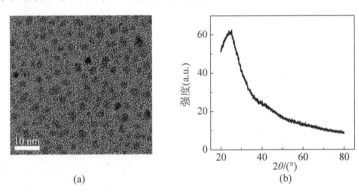

(a)　　　　　　　　　　　　　　　　(b)

**图 3-5　水热法制备 HCDs 表征**

（a）TEM 照片；（b）XRD 分析

　　本章对碳点的光学性质进行了表征。图 3-6(a)是 EDACDs 的紫外吸收光谱图，可以看出碳点在紫外区具有较宽的吸收峰，在 280 nm 左右（碳碳双键上的 $\pi-\pi^*$ 电子转移）和 340 nm 左右（碳氧双键上的 $n-\pi^*$ 电子转移）出现明显的两个吸收峰。图 3-6(a)的插图是 EDACDs 溶液在日光灯和在 365 nm 紫外灯照射下的照片，可以清楚地看出所制备的 EDACDs 具有较强的蓝色荧光。EDACDs 溶液的荧光光谱见图 3-6(b)，可以发现，随着激发波长从 325 nm 增加到 450 nm，发射峰值也逐渐从 410 nm 红移到 550 nm 左右，表明其发射光谱具有激发依赖的性质。这种激发依赖的光致发光性质在碳点中很常见，研究学者认为这可能是由粒径的大小和表面状态的不均一等因素引起的[86]。光谱中的最高发射峰为 430 nm，此时激发光的波长为 350 nm，因此这种 EDACDs 在用 365 nm 紫外灯激发时发出的荧光是蓝色的。此外，所制备的 EDACDs 还可作为荧光油墨在滤纸上写字(图 3-6(c))，将碳点溶液灌装入钢笔中，在滤纸上书写，由于碳点溶液呈浅黄色，在日光灯下基本看不到字迹；而将滤纸置于 365 nm 的紫外灯下时，可以清楚地看到蓝色荧光的字迹，这也是碳点的潜在应用之一。采用参比斜率法，以硫酸奎宁为标准物质，以 350 nm 激发光激发，选取范围为 400～600 nm 的发射波长的谱图测定 EDACDs 的荧光量子产率，具体实验步骤同 2.2.3 节，经过计算得到此碳点的荧光量子产率为 5.1%。

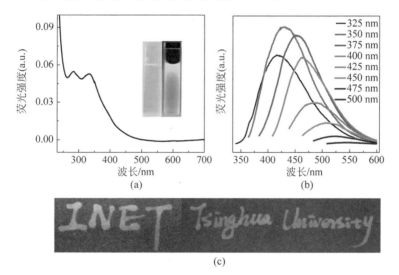

**图 3-6　EDA 碳点的光谱图和荧光照片**

(a) EDACDs 的紫外吸收光谱图(内置图是碳点水溶液在可见光和 365 nm 紫外灯照射下的照片)；(b) 碳点的荧光光谱图；(c) 在滤纸上用 EDACDs 溶液书写并于 365 nm 紫外灯照射的照片

为了进一步考察碳点的内部结构和元素组成，通过 FT-IR 分析和 XPS 能谱等方法对合成的 EDACDs 和 HCDs 进行了表征(图 3-7)。为防止 EDACDs 在高温烘干时发生进一步反应，将透析后的碳点溶液在冷冻干燥机中冻干,研成粉末。采用溴化钾(KBr)压片法,用傅里叶变换的红外光谱仪对 EDACDs 和 HCDs 的官能团结构进行了表征,见图 3-7(a)和图 3-7(b)。EDACDs 和 HCDs 结果中的 N—H 伸缩振动峰($\nu$(N—H),3420 cm$^{-1}$)、C═O伸缩振动峰($\nu$(C═O),1660 cm$^{-1}$)、N—H 弯曲振动峰($\delta$(N—H),1550 cm$^{-1}$)和 C—N 伸缩振动峰($\nu$(C—H),1400 cm$^{-1}$),4 个特征峰的出现表明其表面含有酰胺官能团。而 EDACDs 中(图 3-7(a))的C═O伸缩振动峰($\nu$(C═O),1720 cm$^{-1}$,羧基特有的碳氧双键峰)和 C—O 伸缩振动峰($\nu$(C—O),1210 cm$^{-1}$)的存在则表明其表面还存在柠檬酸的官能团。此外,对两种碳点的 XPS 能谱的分析结果如图 3-7(c)和图 3-7(d)所示,由于制备原料相同,两种碳点均由 C、O、N 3 种元素组成,3 种元素的相对含量如表 3-2 所示。值得指出的是,在等离子体法制备的 EDACDs 中,氧元素

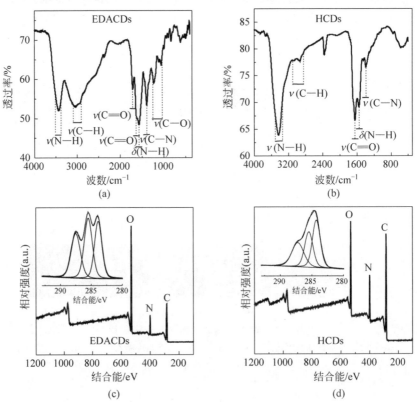

**图 3-7　两种碳点的 FT-IR 表征和 XPS 能谱**

(a) EDACDs 的 FT-IR 分析结果;(b) HCDs 的 FT-IR 分析结果;(c) EDACDs 的 XPS 能谱分析结果;(d) HCDs 的 XPS 能谱分析结果;(c)和(d)中的插图是对 C1s 峰的分峰拟合结果

的相对含量为 34.03%,高于水热法制备的 HCDs 中氧元素的相对含量 (16.52%),这可能是由于不同的制备方法导致两种碳点的元素组成有差别,详细的合成机理将在后文进行阐述。通过对两种碳点中 C1s 峰的进一步分峰拟合发现,它们的表面都含有(C＝C、C—C)、碳氧键和碳氮键(表 3-3)。

表 3-2　EDACDs 和 HCDs 的 XPS 分析(元素含量表)

| 元 素 种 类 | C1s | N1s | O1s |
|---|---|---|---|
| EDACDs/% | 54.99 | 10.98 | 34.03 |
| HCDs/% | 68.13 | 15.35 | 16.52 |

表 3-3　EDACDs 和 HCDs 的 XPS 分析(C1s 峰的分析)

| 碳点种类 | | C—C/C＝C | 碳氮键 | 碳氧键 |
|---|---|---|---|---|
| EDACDs | 峰值结合能/eV | 283.8 | 285.4 | 287.4 |
| | 所占百分比/% | 31.99 | 35.52 | 32.49 |
| HCDs | 峰值结合能/eV | 284.3 | 285.5 | 287.2 |
| | 所占百分比/% | 38.78 | 31.43 | 29.79 |

以上结果表明,等离子体法制备的 EDACDs 表面含有大量的官能团,如—COOH、—OH 和含氮官能团等,而且也有酰胺的生成,这些官能团的存在使 EDACDs 具有很好的水溶性,同时在检测分析方面可能会带来一些新的应用。而水热法制备 HCDs 的官能团种类和元素含量与 EDACDs 略有不同,两者在性质和应用方面可能存在区别。

本章分别研究了 EDACDs 和 HCDs 在离子强度不同的氯化钠(NaCl)和硝酸钠(NaNO$_3$)盐溶液中的荧光稳定性。如图 3-8(a)和图 3-8(b)所示,在不同浓度的 NaCl 溶液中,EDACDs 和 HCDs 均保持了较稳定的荧光性质,其荧光强度基本没有明显变化。在不同浓度的 NaNO$_3$ 溶液中,EDACDs 的荧光发生了轻微的淬灭,在 2 M 的 NaNO$_3$ 溶液中,荧光被淬灭了 10% 左右。而 HCDs 的荧光则随着 NaNO$_3$ 浓度的增加而逐渐降低,在 2 M 的 NaNO$_3$ 溶液中,其荧光强度仅保留了最初的 40% 左右,已经有 60% 被淬灭。此对比实验表明等离子体法制备的 EDACDs 在不同盐溶液中的荧光稳定性要优于水热法制备的 HCDs。

另外,大多数碳点的荧光强度对溶液的 pH 值具有一定的依赖性,即其荧光强度会随着溶液 pH 值的变化而呈上升、下降或波动的趋势,这可能是碳点的发色团受到 H$^+$ 或 OH$^-$ 的影响,或较高的 pH 值引发了碳点的团聚等而导致的荧光变化。因此，本章研究了溶液的 pH 值对 EDACDs 和 HCDs 荧光强度的影响，结果见图 3-8(c)和图 3-8(d)。随着 pH 值的逐渐增加，两种碳点的荧光强度均先增加后减小，只是变化趋势有所不同。从图 3-8(c)中可以看到，EDACDs 的荧光强度在 pH＝1 的溶液中达到峰值，之后随着 pH 值的增加而逐渐降低。图 3-8(d)中的 HCDs 的荧光随着 pH 值的增加逐渐增强，在溶液的 pH 值位于 4～10 时达到峰值且趋于平稳，而后随着 pH 值进一步增大，HCDs 的荧光强度迅速降低。值得指出的是，在 3 M 的硝酸溶液中，EDACDs 的荧光强度只下降了 20％左右，而 HCDs 的荧光则趋近于 0，说明等离子体法制备的 EDACDs 是一种耐酸性很好的碳点。此外，在溶液的 pH 值从 3 增加到 14 时，EDACDs 的荧光强度呈线性下降的趋势，如图 3-9(a)所示，经拟合发现 EDACDs 的荧光强度和溶液的 pH 值

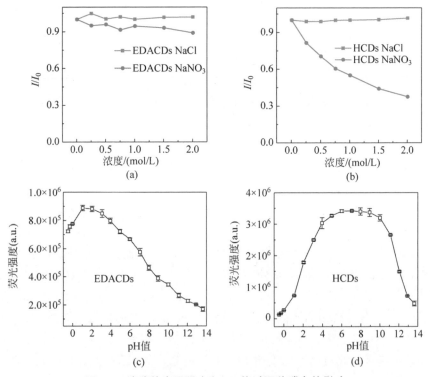

**图 3-8　溶液的离子强度和 pH 值对两种碳点的影响**

(a) 离子强度对 EDACDs 荧光稳定性的影响；(b) 离子强度对 HCDs 荧光稳定性的影响；$I_0$ 和 $I$ 分别表示碳点在水中和不同盐溶液中的荧光强度；(c) 溶液的 pH 值对 EDACDs 荧光强度的影响；(d) 溶液的 pH 值对 HCDs 荧光强度的影响

之间具有良好的线性关系,其相关系数高达 0.987,且将 EDACDs 溶液的 pH 值在 5～11 循环了 4 次后(图 3-9(b)),其荧光强度仍保持恒定值,基本不会发生衰减,表明在溶液的 pH 值反复变化的过程中,EDACDs 表面的官能团并没有遭到破坏,可以快速地实现荧光的淬灭与恢复。因此,等离子体制备的 EDACDs 的荧光强度随溶液 pH 值线性变化的性质,使得它可作为一种潜在的 pH 值检测探针。

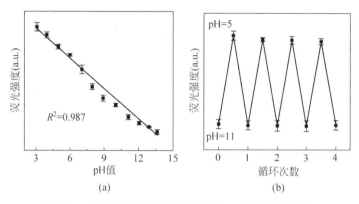

**图 3-9　EDACDs 的荧光强度随溶液 pH 值的变化情况**

(a) EDACDs 的荧光强度在 pH=3～14 的线性拟合图;

(b) 当溶液的 pH 值在 5～11 循环改变时,EDACDs 的荧光强度的变化

### 3.3.2　反应机理的研究

本章首先利用不同电极处理柠檬酸和乙二胺的混合溶液,通过产物的对比,初步探索了等离子体电极在合成碳点时的作用机理。实验采用 3 种不同的电极处理混合溶液,分别是等离子体阳极(plasma anode,Pl-A)、等离子体阴极(plasma cathode,Pl-C)和铂丝阳极(Pt anode,Pt-A)。如图 3-10(a)中的照片,通过对比产物溶液的颜色不难发现,Pt-A 基本没有产生碳点,说明仅通过电化学的作用无法生成碳点,等离子体自身的性质在碳点的合成中占据很重要的作用。通过与 Pl-A 的比较发现,Pl-C 产生的碳点较少,进一步表明碳点的合成与等离子体的性质相关。通过参阅文献[177,179],等离子体阳极和阴极均可以传输电荷,等离子体阳极失去电子,发生氧化反应,而等离子体阴极得到电子,发生还原反应。此外,等离子体的环境体系很复杂,包含紫外线辐射、自由基、电子和离子等物质;而且,等离子体阳极的条件比等离子体阴极更复杂,存在更多的氧化性物质。因此在制备过程中,等离

子体阳极为碳点的制备提供了一个独特的环境,其内部产生的氧化性自由基引发了碳点的生成,使得碳点能够快速制备。

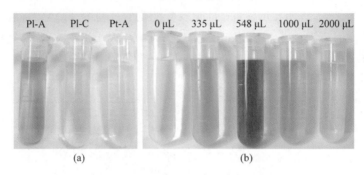

**图 3-10    不同条件下合成碳点的照片**

(a) 不同电极处理的 EDACDs 溶液照片,Pl-A:等离子体阳极,Pl-C:等离子体阴极,Pt-A:铂丝阳极;(b) 加入不同量的乙二胺所制备 EDACDs 溶液的照片,柠檬酸和水的量固定,反应时间为 10 min,反应电流为 6 mA

本章对碳点的形成机理进行了更深入的探究。实验构思如下,固定去离子水和柠檬酸的用量,改变乙二胺的用量(0、335 μL、548 μL、1000 μL 和 2000 μL),固定电流为 6 mA,在等离子体阳极处理 10 min。图 3-10(b)是反应结束后不同产物的照片,可以看出,当没有乙二胺存在时,溶液颜色没有明显变化,表明基本没有生成碳点。随着乙二胺体积的增加,溶液颜色逐渐变至深黄色,而进一步增加乙二胺的用量,溶液的颜色又会变淡至透明,说明过量的乙二胺会抑制碳点的生成。当乙二胺的用量为 548 μL 时,在这种情况下柠檬酸和乙二胺的摩尔比为 2∶3,其中柠檬酸上的羧基—COOH 和乙二胺上的—$NH_2$ 的摩尔比为 1∶1,此时溶液颜色呈深黄色,生成碳点的量最多。这些结果表明,柠檬酸中的—COOH 和乙二胺上的—$NH_2$ 之间的脱水缩合反应是生成碳点的基本反应,而等离子体的存在则加速了这一过程。这与 Zhu 等[86]的推测是一致的,他们用同样配比的柠檬酸和乙二胺为原料,利用水热法制备了荧光碳点 HCDs,认为在水热处理过程中(200 ℃,持续反应 5 h),碳点的合成机理如图 3-11 所示,即在水溶液中,柠檬酸中的—COOH 和乙二胺的—$NH_2$ 之间发生脱水缩合进行交联,初步形成类聚合物的碳点(polymer-like CDs),然后经过 200 ℃ 的高温碳化和脱水即得到所制备的碳质碳点(carbogenic CDs)。在前文对两种碳点的红外光谱分析中,酰胺特征峰的出现也证实了对这一过程的推测。

本章采用等离子体法制备的碳点,其聚合机理同样是在等离子体的作用下羧基和氨基发生了脱水缩合,形成碳点。然而和水热法制备的碳点不同的是,等离子体制备碳点是在常温常压下进行的,并没有进一步的脱水和高温碳化过程,因此等离子体制备的这种 EDACDs 本质上是一种聚合物碳点(polymer dots),如图 3-11 所示,它只发生了示意图中的前 3 个反应过程,因此这种 EDACDs 保留了柠檬酸和乙二胺的很多原始官能团,在刚开始的各项表征中,红外光谱里伸缩振动的C=O 和 C—O 特征峰的出现证实了 EDACDs 中仍含有柠檬酸的官能团,同时 XPS 能谱分析中 EDACDs 的含氧量高于 HCDs,进一步说明了等离子体法制备的碳点并没有经过进一步的脱水碳化,是一种类聚合物的碳点。因此,两种方法制备的碳点在性质方面存在一些差异,如在不同种类和不同浓度的盐溶液中,EDACDs 具有较好的荧光稳定性;在高酸性溶液中,EDACDs 具有较强的荧光,以及它能作为一种良好的 pH 值探针等性能。

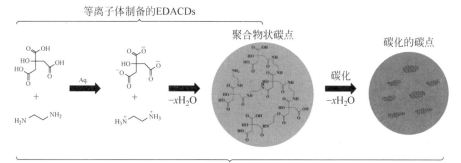

**图 3-11　等离子体阳极辅助法制备 EDACDs 和水热法制备 HCDs 的示意图**

Reproduction with permission from Ref. [86]. Copyright 2013,Elsevier.

　　碳点的合成机理较为复杂,不同的研究学者根据实验的现象给出了不同的假说。如 Sun 等[205]以柠檬酸为主要原料,采用水热法合成了石墨烯量子点(graphene quantum dots,GQDs)。他们对 GQDs 的合成机理进行了讨论,认为在碱性体系中,柠檬酸分子中的羧基和羟基可以发生脱水缩合反应,生成 GQDs。当以不同的氨类物质(如氨水、尿素等)代替 NaOH 后,氮原子可以通过邻羧基之间的分子内脱羟基形成吡咯结构进入 GQDs。因此,本章再次设计对比实验,将柠檬酸和不同物质的混合溶液在等离子体阳极中处理 10 min,对其产物进行对比,同时利用荧光光谱仪检测了不同产物的荧光性质,如图 3-12 所示。可以看到,柠檬酸和 NaOH 反应后的产物溶液并没有明显变化,当用氨水和尿素分别代替 NaOH,与柠檬酸在等离子体阳极的作用下反应后,其产物的溶液颜色仍旧为无色澄清溶液,而且图 3-12(b)的荧光性质也表明,在这 3 种反应体系下,基本没有荧光碳点的生成。同时,当以柠檬酸铵为原料时,在等离子体作用条件相同的情况下,溶液的颜色基本没有变化,荧光光谱中显示产物具有较弱的荧光,说明只能生成较少的碳点[206]。以上实验结果表明,在等离子体作用下,通过柠檬酸或柠檬酸铵的自聚而生成碳点是比较困难的。同时也说明以不同的制备方法处理同样的原料,其产物的量和性质存在差异,进一步证实了等离子体阳极提供了一个温和的反应条件,使柠檬酸的羧基和乙二胺的氨基能够快速发生脱水缩合反应,生成类似聚合物结构的碳点。

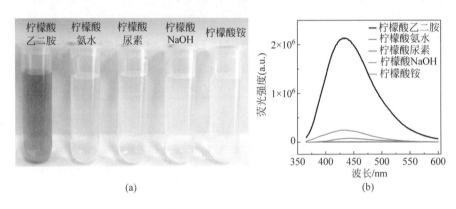

(a)　　　　　　　　　　　　　　(b)

**图 3-12　等离子体阳极处理不同原料的照片和光谱图**

(a) 照片;(b) 荧光光谱图

柠檬酸(0.55 μM)和乙二胺(0.825 μM),柠檬酸(0.55 μM)和氨水(1.65 μM),柠檬酸(0.55 μM)和尿素(0.825 μM),柠檬酸(0.55 μM)和 NaOH(1.65 μM),柠檬酸铵(0.55 μM),实验设计时以柠檬酸的羧基和其他物质的氨基或碱性官能团的摩尔比呈 1∶1 为标准

### 3.3.3　EDACDs 在检测 U(Ⅵ)中的应用

通过第 2 章对碳点和 U(Ⅵ)荧光响应的探索,本章在碳点检测 U(Ⅵ)方面做了初步尝试。将少量碳点溶液加入不同浓度的 U(Ⅵ)溶液中,用荧光光谱仪在 350 nm 激发波长下激发。从图 3-13(a)可以看到,随着 U(Ⅵ)浓度的增加,碳点溶液的发射光谱的峰值逐渐降低,选取每个发射光谱峰值 430 nm 的数据和 U(Ⅵ)的浓度进行分析,即可得到图 3-13(b),可以看出随着 U(Ⅵ)浓度的逐渐增加,碳点的荧光强度一直呈下降趋势。说明 U(Ⅵ)的加入淬灭了碳点的荧光,且这种淬灭程度在 0～75 mg/L 呈线性关系

(图 3-13(b)的插图),拟合的决定系数 $R^2 = 0.996$。本章还计算了 EDACDs 检测 U(Ⅵ)的检出限,采用如下公式:

$$LOD = 3\sigma/s \tag{3-1}$$

其中,LOD 是"limit of detection"的缩写,$\sigma$ 和 $s$ 分别代表空白溶液的标准偏差和拟合曲线的灵敏度。通过对实验数据的拟合和计算得到检出限为 0.71 mg/L,表明这种 EDACDs 可以作为一种良好的检测探针用于检测溶液中的 U(Ⅵ)。

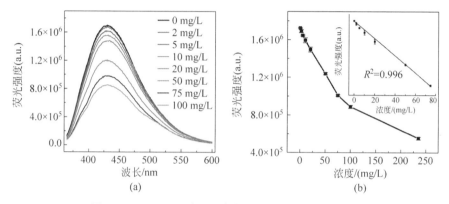

**图 3-13　EDACDs 对不同浓度 U(Ⅵ)溶液的荧光响应**

(a) EDACDs 在不同浓度的 U(Ⅵ)溶液中的荧光光谱图(350 nm 激发);(b) 选取峰值 430 nm 处的荧光强度值和不同浓度的 U(Ⅵ)溶液之间的变化趋势图,插图是 U(Ⅵ)浓度在 0～75 mg/L 的线性拟合图,pH=5

此外,本章还探究了 EDACDs 和 U(Ⅵ)结合后的荧光淬灭机理。分析方法同第 2 章的 4 种碳点和 U(Ⅵ)结合后的机理分析。首先,表征了 EDACDs 和 U(Ⅵ)结合前后的荧光寿命,发现纯 EDACDs 的荧光寿命由两部分组成,分别是 4.13 ns(50.83%)和 12.24 ns(49.17%)。在和 U(Ⅵ)结合后,其荧光寿命为 3.89 ns(40.75%)和 13.46 ns(59.25%),并没有太大变化。由图 3-14(a)的荧光寿命图也可以直观地得到这一结论。然后,研究了结合 U(Ⅵ)前后 EDACDs 粒径的变化和分布情况,如图 3-14(b)所示,结果显示与 ArgCDs、LysCDs 和 SerCDs 相同的是,EDACDs 在加入 U(Ⅵ)溶液中时,粒径也明显增大(表 3-4),发生了团聚,表示这种荧光淬灭的机理也可能是由团聚作用引起的。随着溶液 U(Ⅵ)浓度的增加,EDACDs 的团聚现象更加严重,EDACDs 的荧光强度也因此降低得更快。

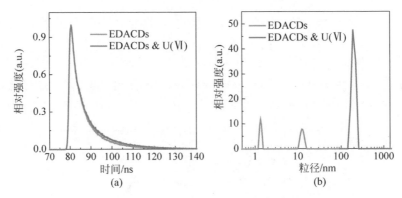

**图 3-14    EDACDs 和 U(Ⅵ)结合前后的变化**

（a）荧光寿命；（b）粒径分布

**表 3-4    EDACDs 和 U(Ⅵ)结合前后的粒径分布**

|  | EDACDs | | EDACDs & U(Ⅵ) |
|---|---|---|---|
|  | 峰 1 | 峰 2 | 峰 1 |
| 粒径/nm | 1.35 | 12.58 | 196.2 |
| 百分比/% | 46.6 | 53.4 | 100 |

作为一种检测 U(Ⅵ)的探针,本章考察了 EDACDs 对不同金属离子的选择性。实验选取了一系列金属离子的硝酸盐,包括 $K^+$、$Mg^{2+}$、$Sr^{2+}$、$Ba^{2+}$、$Cr^{3+}$、$Co^{2+}$、$Ni^{2+}$、$Cu^{2+}$、$Zn^{2+}$、$Cd^{2+}$、$Pb^{2+}$、$Ce^{2+}$,配制各金属离子的浓度为 100 mg/L,用氢氧化钠和硝酸溶液调节 pH=5,加入少量的 EDACDs 使其浓度为 5 mg/L,用荧光光谱仪在 350 nm 激发波长下测定其荧光的变化。取 430 nm 处的峰值进行数据分析,得到如图 3-15 所示的结果。作为对比,还考察了水热法处理柠檬酸和乙二胺得到的 HCDs 对

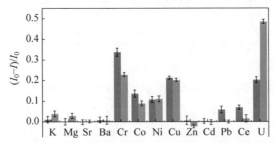

**图 3-15    EDACDs 和 HCDs 对于 U(Ⅵ)的离子选择性**

各离子的浓度为 100 mg/L,pH=5.0

U(Ⅵ)的荧光选择性。结果发现,相较于其他金属离子,EDACDs 和 U(Ⅵ)结合后引起的荧光淬灭程度更大,高于其他金属离子的淬灭程度,因此EDACDs 对 U(Ⅵ)具有较好的选择性。此外,和相同条件下的 U(Ⅵ)结合以后,EDACDs 的荧光淬灭高达 50%,而 HCDs 的荧光仅淬灭了 20%左右;而且对于 HCDs 而言,其他金属离子,如 $Cr^{3+}$ 和 $Cu^{2+}$ 的影响太大,不适合作为检测 U(Ⅵ)的荧光探针。

# 第4章 等离子体法制备PDCDs及其对U(Ⅵ)的荧光响应

## 4.1 引　言

近年来,受海洋生物贻贝的启发,多巴胺逐渐进入人们的视野[207-209]。贻贝分泌的黏液中含有多巴(dopa),该物质的一种重要衍生物即多巴胺[210]。多巴胺结构中的邻苯二酚和氨基在碱性和氧化剂存在的条件下可以发生自聚合生成聚多巴胺(polydopamine,PDA),可以作为一种包覆膜负载在多种基底的表面,实现对基底材料的功能化。因此,这种聚多巴胺包覆的模式已经被广泛应用于材料表面的功能化[211]、药物缓释[212]和吸附材料[213]等领域。而多巴胺的另一种重要产物荧光聚多巴胺也备受关注,Wei及其课题组[214]在2012年首次合成了荧光聚多巴胺纳米颗粒,并将其应用在细胞成像中。荧光聚多巴胺具有低毒性和良好的生物降解能力,因此一经报道即被应用在生物成像[215]和荧光检测[216-220]等领域。如Zhao等[217]将制备的荧光多巴胺用于检测水溶液中的$Cr^{6+}$,取得了良好的效果,具有优良的选择性。然而,控制多巴胺的自聚合反应进而生成荧光聚多巴胺仍是研究难点,因为聚多巴胺的持续自聚合会生成荧光性能较弱的大体积的聚集体[215-216],影响多巴胺聚集体的荧光性质。为了控制多巴胺的聚合程度和氧化状态,很多荧光聚多巴胺的合成步骤比较繁复且耗时[215,217],在制备过程中往往需要额外添加酸或过氧化氢以中断多巴胺的进一步聚合。因此,需要寻找一种新型的简易方法,在不引入外来物质的前提下,可控且快速地合成颗粒均匀的荧光聚多巴胺。

通过第3章的研究发现,等离子体阳极可以实现柠檬酸和乙二胺的快速聚合而形成碳点,而且等离子体电极可以传输电荷,等离子体的内部具有很多氧化性物质。因此,本章希望基于等离子体电化学引发多巴胺的聚合,制备荧光聚多巴胺碳点,在不添加酸或其他物质的条件下,实现对荧光聚多巴胺的快速、可控地制备。本章以等离子体阳极辅助制备荧光聚多巴胺碳点,利用紫外吸收光谱图、荧光光谱图、TEM、FT-IR、XPS 等研究手段对其荧光、结构等性质进行表征。系统研究了等离子体引发多巴胺的聚合机理,利用 ToF-SIMS 等技术手段对聚多巴胺碳点的聚合过程进行推测分析,进一步认识等离子体的性质和多巴胺的聚合机理。评估聚多巴胺碳点对溶液中 U(Ⅵ)的荧光响应,对其检测性能和荧光淬灭机理进行表征分析。

## 4.2 实 验 部 分

### 4.2.1 实验试剂和仪器

实验所用试剂信息见表 4-1。

**表 4-1 实验试剂信息汇总**

| 试　剂 | 英文名称/化学式 | 购　买　公　司 | 纯　　度 |
|--------|----------------|----------------|----------|
| 多巴胺盐酸盐 | dopamine,DA | 百灵威科技有限公司 | 99.5% |
| 磷酸氢二钠 | $Na_2HPO_3$ | Aladdin | 99% |
| 磷酸二氢钠 | $NaH_2PO_3$ | Aladdin | 99% |
| 氢氧化钠 | NaOH | 北京化工厂 | ＞99.5% |
| 硝酸 | $HNO_3$ | 北京化工厂 | 65wt.% |
| 金属硝酸盐($K^+$、$Mg^{2+}$、$Sr^{2+}$、$Ba^{2+}$、$Cr^{3+}$、$Co^{2+}$、$Ni^{2+}$、$Cu^{2+}$、$Zn^{2+}$、$Cd^{2+}$、$Pb^{2+}$、$Ce^{2+}$) | | 北京化工厂 | ＞99% |
| 自制去离子水用于溶液的配制,所有试剂购买后未经纯化,直接使用 | | | |

飞行时间二次离子质谱仪(time of flight secondary ion mass spectrometry,ToF-SIMS)是利用一次离子激发样品表面而打出少量的二次离子,根据不同质量的二次离子飞行到检测器所用的时间的不同而测定离子质量的一种测量技术。仪器型号为 ToF-SIMS 5-100(ION-ToF GMbH Germany),采用电压为 25 keV 的 $Bi^+$ 一次离子束靶呈脉冲式激发样品表面。

在测量样品的红外光谱时,将所制备的聚多巴胺碳点溶液涂覆在固体片状溴化钾(KBr)的表面,干燥后用型号为 Nicolet NEXU 470 的红外光谱仪测定。

## 4.2.2　等离子体阳极制备 PDCDs

　　用磷酸氢二钠和磷酸二氢钠配制浓度为 10 mM 的缓冲溶液（又称"PBS 缓冲溶液"），调节其 pH 值至 5。用天平称取不同质量的多巴胺盐酸盐固体粉末溶解于 10 mL 的 PBS 缓冲溶液中，制备不同浓度的多巴胺溶液。取 5 mL 上述溶液分别加入 H 形反应器的两侧，在等离子体作阳极、铂丝作阴极的电化学体系中开始制备聚多巴胺碳点。在不同的实验条件下，反应的阴极和阳极之间的电压范围为 1700～2500 V，如图 4-1 所示。通过调节不同的反应电流（3～9 mA）、反应时间（2～30 min）和多巴胺盐酸盐的浓度（0.1～20 mg/mL），本章开展了一系列改变反应条件的实验，用于研究等离子体的作用机理，同时也可以获取更多的聚多巴胺碳点，并对其进行深入的表征和应用。待每次反应结束后，用荧光光谱仪和紫外光谱仪测定聚多巴胺碳点的荧光强度和紫外吸收光谱图。另外，实验发现当反应时间为 30 min、反应电流为 9 mA、多巴胺的初始浓度为 20 mg/mL 时，反应得到的聚多巴胺碳点的荧光强度和紫外吸收强度最高。故以此聚多巴胺碳点作为后续分析表征和应用的碳点，将其命名为"PDCDs"，其中 PD 是聚多巴胺 polydopamine 的缩写，而 CDs 依旧是 carbon dots 的缩写形式。

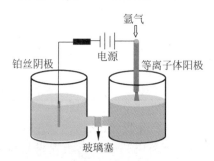

**图 4-1　等离子体阳极制备 PDCDs 的装置示意图**

　　对所制备 PDCDs 的各种性质进行表征分析，如形貌和结构的分析、荧光性质、紫外吸收强度、元素组成和官能团的种类等。在需要固体样品的表征手段中，本章将所制备的 PDCDs 经过透析和干燥进行应用。此外，本章还研究了 PDCDs 在不同 pH 值的溶液中的荧光强度和在不同离子强度的溶液中的荧光稳定性。主要通过荧光光谱仪测定在 360 nm 激发波长下 PDCDs 在 pH 值为 1～7 的溶液中的荧光强度，以及在氯化钠浓度为 0～2 mol/L 的溶液中的荧光强度，记录峰值 440 nm 处的荧光强度值并作图分析。

## 4.2.3　等离子体阴极辅助多巴胺聚合

等离子体阴极辅助多巴胺聚合所采用的溶液同上。多巴胺盐酸盐的浓度为 2 mg/mL,溶解在 10 mM、pH 值为 5 的 PBS 缓冲溶液中。不同之处在于此处采用等离子体作为反应的阴极,而铂丝电极作为反应的阳极。将反应电流恒定在 6 mA,对反应时间从 2 min 延长至 30 min 的产物进行了拍照分析。此外,作为对比实验,本章还将多巴胺溶解在 pH=5 和 pH=8 的 PBS 缓冲溶液中,自然放置,观察多巴胺这两个弱酸性和弱碱性溶液体系的自聚合情况,并选择不同反应时间段的溶液拍摄了照片,进行分析讨论。

## 4.2.4　多巴胺聚合的机理研究

为了进一步认识多巴胺在等离子体阳极和阴极的聚合机理,本章通过文献的表述和一些合理的推测,设计了一系列实验进行验证。利用透射电子显微镜观察了不同反应时间内等离子体阳极和阴极制备聚多巴胺产物的形貌特征。验证了界面处氧气对反应过程的影响,通过在反应器上方通入氩气将空气中的氧气隔绝。配制不同浓度的多巴胺溶液,分别用等离子体阳极和阴极处理,用紫外吸收光谱仪测量每次反应结束后的紫外吸收强度,记录数据并分析讨论。研究了暴露在空气和氩气两种氛围中时,用等离子体阳极和阴极分别处理不同浓度的多巴胺所生成的产物的多少。

## 4.2.5　PDCDs 在检测 U(Ⅵ)中的应用

本章还研究了等离子体阳极制备的聚多巴胺碳点(PDCDs)对溶液中的 U(Ⅵ)的荧光响应。聚多巴胺碳点 PDCDs 的制备条件为:反应时间为 30 min,反应电流为 9 mA,多巴胺盐酸盐浓度为 20 mg/mL。U(Ⅵ)的浓度从 1 mg/L 递增到 100 mg/L,pH 值用氢氧化钠和硝酸溶液调节至 5。在金属离子的选择性实验中,其他金属离子的浓度均为 100 mg/L,溶液的 pH=5。在加入少量的 PDCDs 后,用荧光光谱仪检测 PDCDs 与 U(Ⅵ),以及其他金属离子结合后的荧光变化情况,激发光的波长设置为 360 nm,取 440 nm 处峰值进行实验分析并将实验数据在 Origin 8.0 上进行处理。另外,在荧光光谱仪、动态光散射仪器上分析检测 PDCDs 和 U(Ⅵ)结合前后的荧光寿命和粒径等性质的变化情况,初步探索 PDCDs 的荧光淬灭机理。

## 4.3　结果与讨论

### 4.3.1　PDCDs 的制备与表征

本章用等离子体作为阳极、铂丝作为阴极，通过处理初始 pH＝5 的多巴胺溶液，制备了聚多巴胺碳点。多巴胺在弱碱性条件和氧化性物质存在的条件下可以缓慢发生自聚，设置多巴胺溶液的初始 pH 值为 5，是为了防止多巴胺溶液的自聚合反应。为了宏观地认识等离子体阳极对生成聚多巴胺碳点的作用，本章进行了条件验证实验。不同条件下反应后溶液的照片、紫外可见吸收强度（360 nm 波长下的吸收强度）和荧光光谱图（360 nm 波长激发）见图 4-2。从图 4-2(a)可以看出，当多巴胺的浓度和反应电流一定时，随着反应时间的延长，溶液的颜色逐渐加深，而所生成的聚多巴胺碳点的紫外吸收强度和荧光强度也随着时间的延长而逐渐增大。当多巴胺的浓度和反应时间为定值时（图 4-2(b)），反应结束后溶液的颜色、聚多巴胺碳点的紫外吸收强度和荧光强度也随着反应电流的增大而加深或升高。因此，溶液颜色、紫外吸收强度和荧光强度等各方面的实验结果证明，延长反应时间或增大反应的电流都能够在一定程度上增加等离子体阳极对多巴胺溶液的作用强度，得到更多的聚多巴胺碳点。此外，为了制备更多的聚多巴胺碳点，本章还调整了多巴胺盐酸盐的浓度。由图 4-2(c)可知，随着多巴胺盐酸盐浓度的增加，生成的聚多巴胺碳点逐渐增多，表现为溶液颜色的逐渐加深、紫外吸收强度的增大和荧光强度的提高。这表明在等离子体阳极条件固定的情况下，等离子体的处理能力是很强的。因此，当被处理对象的多巴胺盐酸盐的浓度升高时，等离子体阳极作用生成的聚多巴胺碳点会增多。

为了便于后续的表征和应用，本章选取反应时间为 30 min、反应电流为 9 mA、多巴胺盐酸盐的浓度为 20 mg/mL 的反应条件制备了聚多巴胺碳点（PDCDs）。图 4-3(a)是 PDCDs 的透射电子显微镜（TEM）照片，照片显示 PDCDs 具有圆形的、较均匀的形状，说明在等离子体阳极的作用下，多巴胺盐酸盐比较容易聚合成分散的点状结构。通过对 TEM 照片中 PDCDs 粒径的测量和分析发现，其粒径大小呈正态分布，平均值约为 3.1 nm（图 4-3(b)）。将所制备的 PDCDs 经过透析后在真空干燥箱内进行干燥，收集干燥后的粉末样品用于 XRD 的表征。图 4-3(c)的表征结果显示，PDCDs 没有明显的晶格结构，说明它是由无定型碳而非石墨型碳组成的点状结构。PDCDs 的荧光光谱图（图 4-3(d)）表明其能够发射荧光，且具有激

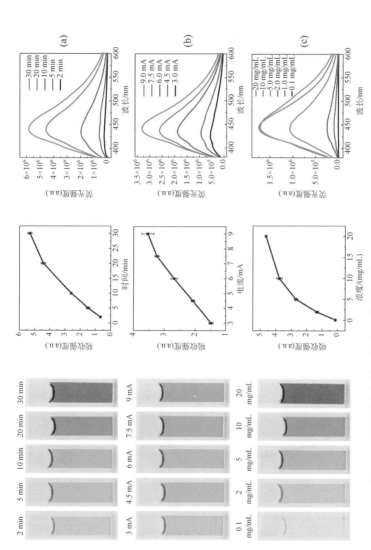

**图 4-2** 不同反应条件下等离子体阳极制备 PDCDs 的照片、紫外吸收光谱图
（360 nm 处的吸收强度值）和荧光光谱图（选取 360 nm 作为激发）

（a）不同反应时间，电流 $I=6$ mA，多巴胺浓度 $c=5$ mg/mL；（b）不同反应电流，反应时间 $t=10$ min，多巴胺浓度 $c=5$ mg/mL；（c）不同多巴胺浓度，电流 $I=6$ mA，反应时间 $t=10$ min。荧光光谱图中的反应电流 $I=9$ mA，时间 $t=30$ min，稀释 100 倍后测量

发光依赖的性质,即随着激发光波长从 320 nm 增加到 440 nm,发射峰的峰值也从 418 nm 红移到了 500 nm。这与其他研究学者报道的一些荧光聚多巴胺和类似的聚多巴胺碳点具有相似的性质,究其原因可能是和所生成的 PDCDs 的粒径大小和结构的不均一有关[216,218,220]。最高发射峰的激发波长为 360 nm,且峰值为 440 nm 左右,因此接下来涉及荧光性质的实验中均采用 360 nm 作为激发光波长,选取 440 nm 处的数据进行分析。另外,通过选用硫酸奎宁为参照物,以参比法测得其荧光量子产率为 0.58%,这一数值在所有制备荧光聚多巴胺的文献中比较正常,是因为多巴胺自身和聚合颗粒太大的聚多巴胺都会在一定程度上淬灭聚多巴胺碳点的荧光[215,217]。

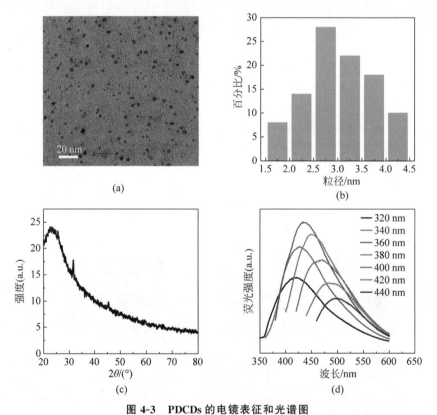

图 4-3　PDCDs 的电镜表征和光谱图

(a) TEM 照片;(b) 粒径分布;(c) 荧光光谱图;(d) 紫外吸收光谱图

通过一系列分析方法进一步获取了 PDCDs 的结构组成等信息。PDCDs 的紫外吸收光谱图如图 4-4(a)所示,由于刚合成的 PDCDs 溶液颜色很深,应经过稀释后进行测定。可以看到在紫外区 360 nm 左右出现了较强的吸收峰,表明聚合过程中有醌类物质的形成[221],聚合机理和聚合过程将在 4.3.2 节详细地阐述。红外光谱(图 4-4(b))显示,所生成的 PDCDs 上在 3200~3400 cm$^{-1}$ 峰值处有 $\nu$(O—H/N—H),在 3050 cm$^{-1}$ 峰值处有苯环上的 $\nu$(=C—H),在 1705 cm$^{-1}$ 峰值处有 $\nu$(C=O),在 1610 cm$^{-1}$ 峰值处有苯环上的 $\nu$(C=C),说明 PDCDs 确实是由多巴胺聚合而成的,它保存了多巴胺的片段结构且在温和的等离子体阳极的作用下留有很多官能团。此外,用 XPS 的表征方法对 PDCDs 的元素组成和化学键类型等进行了评估。由图 4-4(c)可知,PDCDs 是由 3 种元素即 C、N 和 O 组成的,其相对含量见表 4-2,分别为 61.9%、9.0% 和 29.1%。其中,经计算发现 N/C 两种元素的原子比例约为 1∶8,这与多巴胺结构中的 N/C 基本一致,为便于比较,将多巴胺的结构列于图 4-4(d)的插图。而 O/C 为 1∶2.8,远大于其分子结构中的 1∶4,增多的 O 可能来自在等离子体阳极处理过程中含氧自由基的引入,其进一步的解释将在 4.3.2 节列出。对其中的 C1s 峰进行了分峰,拟合结果见图 4-4(d),表 4-3 展示了每个拟合峰的结合能和相应的百分含量,和碳相连的化学键包括 C—C/C=C、C—N 和 C=O,这和多巴胺分子中和碳相连的化学键种类相同,进一步表明 PDCDs 是由多巴胺聚合而成的,保留了多巴胺的结构和官能团,这些官能团为接下来的应用提供了良好的平台。

表 4-2　PDCDs 的 XPS 分析

| 元素 | C1s | N1s | O1s |
|---|---|---|---|
| 百分含量/% | 61.9 | 9.0 | 29.1 |

表 4-3　PDCDs 的 XPS 分析(C1s 的分峰结果)

| | C—C/C=C | C—N | C=O |
|---|---|---|---|
| 峰值结合能/eV | 283.8 | 285.4 | 287.4 |
| PDCDs/% | 31.99 | 35.52 | 32.49 |

　　本章继续表征了 PDCDs 的荧光强度在不同 pH 值的溶液和不同浓度的盐溶液中的稳定性,结果见图 4-5。将 PDCDs 用不同 pH 值的溶液进行稀释后测得的荧光数据绘于图 4-5(a),可以发现随着溶液 pH 值的增加,其荧光强度有所提高,但变化范围很小。实验中没有继续增大溶液的 pH 值,是为了防止在弱碱性条件下多巴胺自聚而影响实验结果。在不同浓度的氯化钠盐溶液中,PDCDs 的荧光稳定性如图 4-5(b)所示,其中 $I_0$ 和 $I$

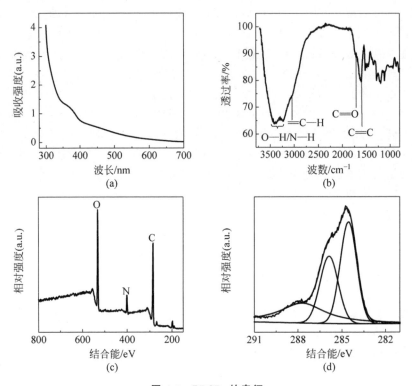

**图 4-4　PDCDs 的表征**

（a）UV-Vis 吸收光谱；（b）红外光谱图；（c）XPS 分析图；（d）对 XPS 中 C1s 的分峰图

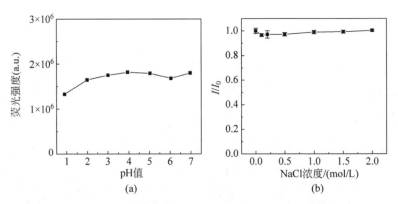

**图 4-5　溶液的 pH 值和氯化钠浓度对 PDCDs 荧光强度的影响**

（a）PDCDs 在不同 pH 值的溶液中的荧光强度；（b）PDCDs 在不同浓度的氯化钠溶液中的荧光强度变化，其中 $I_0$ 和 $I$ 分别代表碳点在水中和在不同浓度氯化钠溶液中的荧光强度，360 nm 激发，记录峰值 440 nm 处的荧光强度进行分析

分别表示将 PDCDs 分散在水中和不同浓度的氯化钠盐溶液中的荧光强度,随着氯化钠的浓度从 0 增加到 2 mol/L,PDCDs 的荧光强度没有明显波动,这一实验证实 PDCDs 具有良好的耐盐稳定性。

### 4.3.2　多巴胺聚合机理的研究

#### 1. 等离子体阴极引发多巴胺聚合

区别于第 3 章等离子体阳极处理柠檬酸和乙二胺体系制备的 EDACDs,多巴胺是一个特殊的体系,它可以在弱碱性和有氧化性物质存在的情况下发生自聚合。如 Lee 等[209]在碱性条件 Tris 盐的缓冲体系中调节 pH 值为 8.5,实现了对多巴胺的聚合并将其包覆在多种材料基底的表面。Du 等[222]则用紫外灯引发多巴胺的聚合,在 pH 值为 7 的中性体系中即可实现多巴胺较快速的聚合。实验认为是紫外灯的照射产生了大量氧化性的自由基引发了多巴胺的聚合。而 Zhang 所在的课题组[223]则直接将强氧化剂硫酸铜/过氧化氢的混合溶液加入多巴胺溶液,实现了多巴胺在酸性条件下的快速聚合。

在等离子体电化学中会发生一系列电化学反应:等离子体的阴极得到电子,物质被还原,溶液的 pH 值会升高;而等离子体阳极则失去电子,物质被氧化,溶液的 pH 值会降低。等离子体也可以通过击穿空气中的氧气等物质生成很多氧化性自由基参与反应,因此研究等离子体辅助多巴胺的聚合将有助于进一步了解等离子体的性质和多巴胺的聚合机理。本章在研究等离子体引发多巴胺聚合机理的同时发现,等离子体阴极也可以引发多巴胺的聚合。如图 4-6 所示,将多巴胺溶于 pH=8 的弱碱性 PBS 缓冲溶液中,在黑暗环境中放置一段时间,即可引发多巴胺的缓慢聚合,随着反应时间的延长,可以看到多巴胺溶液的颜色逐渐由无色变为浅灰色。在 pH=5 的弱酸性 PBS 缓冲溶液中,随着反应时间的积累,多巴胺溶液的颜色一直保持透明无色,基本没有发生聚合反应。这两个实验证实了多巴胺在弱碱性环境中可以缓慢地发生聚合反应,酸性的溶液体系则会抑制多巴胺的聚合。之后将多巴胺溶解在 pH=5 的 PBS 缓冲溶液中,在等离子体阴极的作用下进行反应。图 4-6 的照片显示,虽然多巴胺溶解在弱酸性的溶液中,很难发生自聚反应,但是等离子体阴极使多巴胺能够快速聚合,并且随着反应时间的延长,溶液的颜色迅速变为深棕色。这表明等离子体阴极可以使多巴胺快速聚合,其聚合速度远超多巴胺在弱碱性体系中的自聚速度。

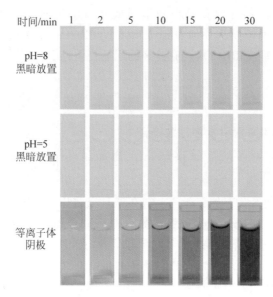

**图 4-6　随着反应时间的增加,多巴胺溶液在不同条件下聚合程度的照片**

### 2. 多巴胺聚合的机理研究

上述实验结果证实了等离子体阴极和阳极均可引发多巴胺的聚合,等离子体电化学过程中的电子转移和界面处的氧气,以及等离子体产生的氧化性物质加速了多巴胺的聚合过程,本章对多巴胺的聚合机理进行了深入的探究。首先,表征了不同反应时间内等离子体阳极和阴极引发多巴胺聚合的产物,TEM 照片如图 4-7 所示。可以发现,等离子体阳极的聚合产物呈均匀的纳米颗粒,而且产物的粒径不随反应时间的延长而改变,一直保持分散性良好的聚多巴胺碳点的状态,溶液的颜色随着反应时间的增加而逐渐加深,是因为生成了更多的纳米颗粒。而等离子体阴极的产物粒径会随着反应时间的延长而逐渐长大:在反应时间为 2 min 时,生成的产物呈纳米颗粒状态,和阳极的产物类似;而在反应时间为 30 min 时,产物已经长大并团聚。这说明等离子体阳极可以控制多巴胺的聚集状态,在不需要额外加入酸或其他物质的条件下即可制备颗粒均匀且分散性良好的碳点。而等离子体阴极则无法控制聚合产物粒径的均一性。

此外,紫外吸收光谱图(图 4-8)显示,等离子体阳极和阴极引发的多巴胺聚合产物存在差异。等离子体阳极所生成的聚多巴胺碳点在 360 nm 左右出现较强的峰值,而等离子体阴极产物则在 360 nm 和 420 nm 处均有较

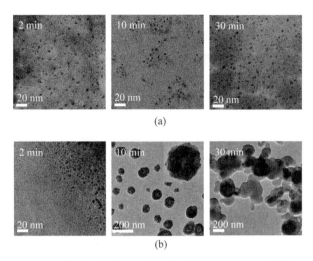

**图 4-7　等离子体作用不同时间的聚合产物 TEM 照片**

（a）阳极；（b）阴极，多巴胺溶液初始 pH 值为 5

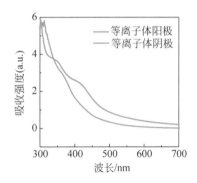

**图 4-8　暴露在空气中的等离子体阳极和阴极辅助多巴胺聚合物的紫外吸收光谱图**

强的吸收峰。一般认为，360 nm 处产生的峰值是由于多巴胺在氧化剂存在的条件下，被氧化成大量醌类物质的吸收峰[221]，而 420 nm 处产生的吸收峰则是正常碱性条件引发多巴胺聚合产物的吸收峰[222]。因此，在等离子体阳极，虽然溶液整体呈酸性，但等离子体阳极作用的局部可以生成大量的氧化性物质，加之界面处氧气的存在，使多巴胺能够在此快速聚合。而当生成的聚多巴胺扩散到下方溶液中时，溶液中越来越多的 H⁺ 又阻止了多巴胺的进一步长大，使生成的聚多巴胺碳点的粒径能够保持均一，不随时间的变化而增大，实现了对荧光聚多巴胺碳点的快速、可控制备。在等离子体阴极，等离子体是通过击穿直径为 180 μm 的不锈钢管中导出的氩气而产生的,其直径很小,作用范围也仅限于界面处的微区,因而会引起界面处溶液局部 pH 值的骤增,使多巴胺能够快速聚合,且界面处的氧气和等离子体内部的氧化性自由基使多巴胺能够快速聚合,因而其产物的紫外吸收光谱图在 360 nm 和 420 nm 均有吸收峰值。

　　本章通过在反应器中通入氩气而隔绝氧气的方法进一步验证了界面处的氧气对多巴胺聚合速度的影响。在空气和氩气的氛围中,以等离子体阴极和阳极分别处理不同浓度的多巴胺溶液,表征其反应产物在 360 nm(阳极)和 420 nm(阴极)处的紫外吸收强度,结果见图 4-9。在等离子体阳极,当多巴胺浓度低于 5 mg/mL 时,空气和氩气的氛围对其聚合速度没有明显影响。随着多巴胺浓度的进一步增大,可以发现通入氩气后生成产物的紫外吸收强度明显降低,减缓了多巴胺的聚合速度。在等离子体阴极,氩气的通入对多巴胺聚合速度的影响更加明显,图 4-9(b)显示,空气氛围下产物的紫外吸收强度是氩气氛围的两倍之多。这可能是由于多巴胺浓度较低时,等离子体内部和通过作用于界面的水产生的氧化性物质能够支持多巴胺的聚合,随着多巴胺浓度的增加,待聚合的多巴胺越来越多,而氧气的屏蔽导致反应界面处氧化性物质短缺,所以氩气氛围中多巴胺的聚合速度会下降。另外,从图 4-9(b)还可以发现,随着多巴胺浓度的增加,聚合产物的紫外吸收强度先增加而后形成平台。这是因为在固定了等离子体的电流和反应时间后,等离子体的处理能力达到饱和。而且在空气氛围中,产物达到平台时多巴胺的浓度为 5 mg/mL,而在氩气氛围中此浓度降低为 2 mg/mL,

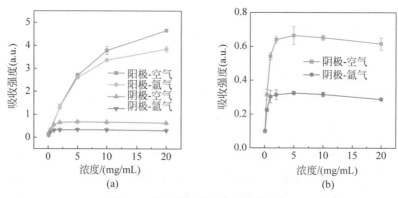

(a)　　　　　　　　　　　　　　(b)

**图 4-9　产物紫外光谱图的强度分析**

(a)等离子体阳极和阴极在通氩气前后处理不同浓度的多巴胺溶液,所得产物的紫外吸收光谱图的数据分析,其中等离子体阳极选取 360 nm 峰值处的数据,等离子体阴极选取 420 nm 峰值处的数据进行分析;(b)等离子体阴极处理多巴胺溶液的数据放大图

进一步说明在界面处没有氧气时,等离子体的处理能力降低。图 4-10 是对上述聚合机理的示意简图,有助于更加直观地认识上述聚合机理。

　　实验结果表明,在等离子体阳极,反应界面处的氧气和等离子体内部大量的氧化性自由基引发多巴胺快速聚合,而溶液中越来越多的氢离子阻止多巴胺的进一步聚合,因此可以控制多巴胺的聚合程度,制备粒径均一的聚多巴胺碳点。在等离子体阴极,反应微区内 pH 值的骤增和界面处的氧气加速了多巴胺的聚合,溶液中逐渐增加的 pH 值使多巴胺能够持续聚合,无法可控地制备聚多巴胺碳点。

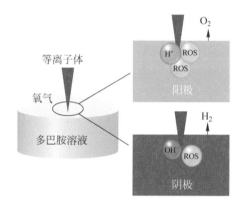

**图 4-10　等离子体阴极和阳极辅助多巴胺聚合的示意图**

### 3. PDCDs 的聚合过程

　　一直以来,多巴胺的聚合机理是研究学者最关心的问题。不同于其他发生聚合反应的小分子,如乙烯等,多巴胺的聚合过程复杂多样,其聚合位点、中间体的结构会随着反应方法和一些化学试剂使用方法的不同而存在很大差异。目前,多巴胺的聚合机理尚不清楚,但大多数研究学者认为,在水溶液中多巴胺上的邻苯二酚基团很容易被氧化成多巴胺醌类化合物,经过环化、氧化、重排等过程后,以 5,6-二氢吲哚为单体进行聚合,如图 4-11 所示。其聚合的方式多种多样,图 4-11 列出了多巴胺 5 种不同的结合位点,通过这些位点之间的耦合交联生成二聚体、三聚体,进而实现多巴胺的聚合[207,224]。在耦合交联过程中,它们很容易附着在材料表面形成紧密的交联复合层,实现对不同基底材料表面的功能化。当然这种聚合方式也仅是众多方式中的一种,由于技术手段和氧化剂的不同,也有很多聚合过程并不是以 5,6-二氢吲哚为单体进行的[220]。

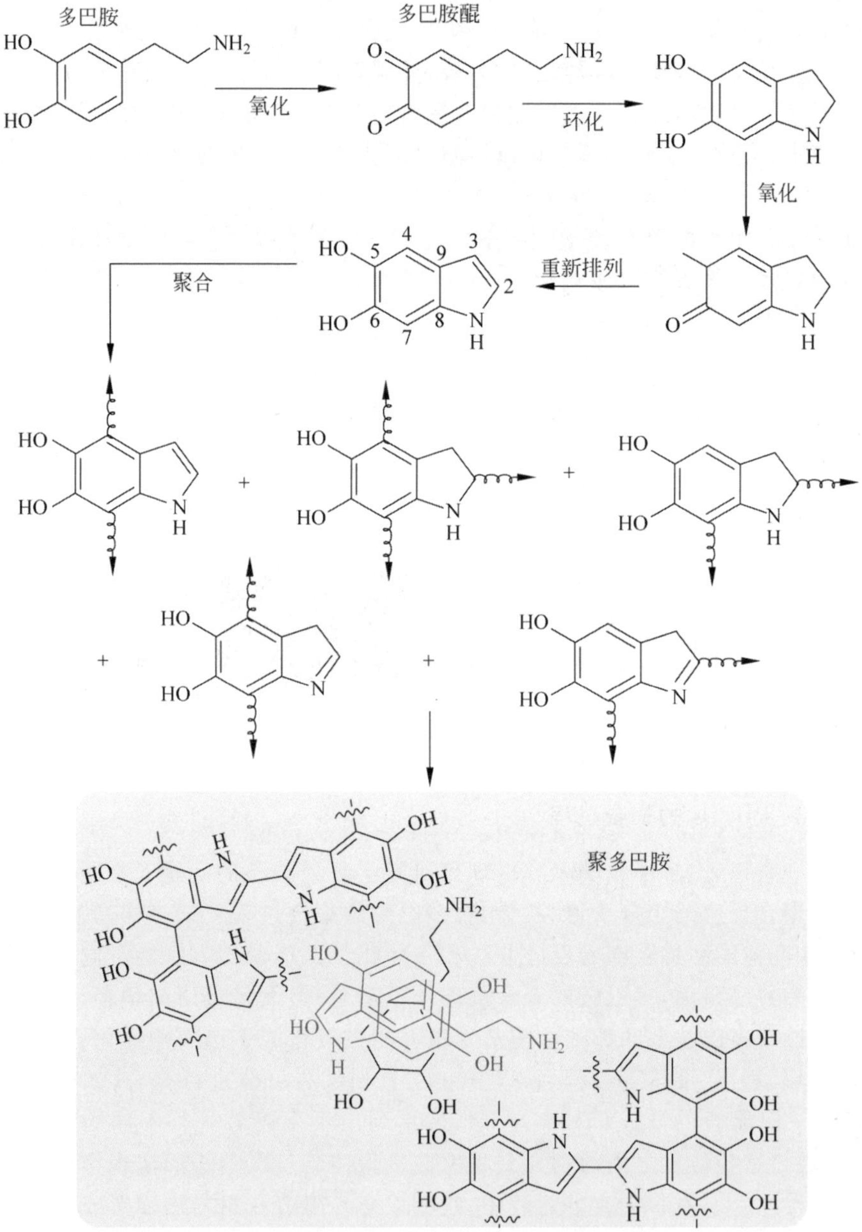

图 4-11　多巴胺的聚合过程的示意图

本章尝试通过实验的分析,试图解释由等离子体阳极生成聚多巴胺碳点的聚合机理。结合上述分析,本章通过飞行时间二次离子质谱仪(ToF-SIMS)的技术手段对所制备的 PDCDs 片段的相对分子质量进行了表征,并对其聚合过程进行了合理的推测分析。很多文献在研究多巴胺聚合机理时采用了 ToF-SIMS 的表征方法,这种方法可以给出相对分子质量等信息,从而推测多巴胺可能的结构片段。如图 4-12 所示,质谱图中与 $m/z$ 为 297 或 302 处对应的是多巴胺二聚体,而与 $m/z$ 为 438/441/445 处对应的是不同形式下多巴胺三聚体的相对分子质量。其中,二聚体和三聚体可能的结构如图 4-12 的插图所示。值得一提的是,这种不同结构之间的互相转换在多巴胺的聚合过程中是很常见的,也有文献证明多巴胺的聚合过程是一个动态过程,其中间体的结构会随着外界条件的不同而呈现多变性[225-226]。而且,由 $m/z$ 可以看出,这些二聚体和三聚体是以 5,6-二氢吲哚为重复单元的,这也是组成聚多巴胺的基本单元。由此表明等离子体阳极引发的多巴胺的聚合过程是以 5,6-二氢吲哚为重复单元、不同的结合方式进行的。而且通过对质谱图上其他数据的分析可以发现,所制备的聚多巴胺碳点表面含有很多羟基,可归因于等离子体阳极中大量的氧化性物质的存在。而且这一实验现象和 Lin 等[220]用过氧化氢降解聚多巴胺所制备的荧光多巴

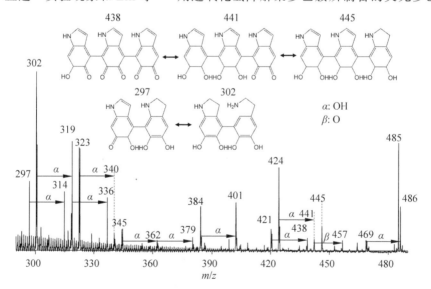

**图 4-12　等离子体阳极制备 PDCDs 的 ToF-SIMS 谱图和数据分析结果**

内置图是多巴胺的二聚体和三聚体可能存在的结构

胺的结果一致,所制备的荧光多巴胺的表面也含有很多羟基,分析认为是过氧化氢的使用导致其表面羟基增多。而在等离子体阳极可以提供这样一个富含氧化性物质甚至含有过氧化氢的环境,在这种条件下发生聚合的多巴胺表面会含有很多羟基。此外,在用 XPS 分析所制备的 PDCDs 时也发现氧含量的增多,这也进一步证明了羟基的引入。

因此,等离子体阳极可以提供一个特殊的环境实现多巴胺的聚合形成聚多巴胺碳点,不需要额外的酸或过氧化氢等物质即可实现多巴胺快速、可控的聚合而形成均匀的聚多巴胺碳点。

### 4.3.3　PDCDs 在检测 U(Ⅵ)中的应用

经过上述实验与分析,本章对等离子体辅助多巴胺的聚合机理,以及等离子体阴极和阳极的性质有了更深入的认识。为扩展聚多巴胺碳点的应用范围,本章将等离子体阳极制备的 PDCDs 尝试应用在含 U(Ⅵ)溶液的检测中。通过将 PDCDs 分散在不同浓度的 U(Ⅵ)溶液中,用荧光光谱仪在 360 nm 激发光波长下激发,发射光谱见图 4-13(a)。结果显示在 pH=5 的条件下,随着 U(Ⅵ)浓度的逐渐增大,PDCDs 的荧光强度逐渐下降,并且在选取峰值 440 nm 处的数据和 U(Ⅵ)的浓度作图后发现(图 4-13(b)),在 U(Ⅵ)浓度为 0~100 mg/L 时,PDCDs 的荧光强度和溶液中 U(Ⅵ)的浓度表现出良好的线性关系,可以通过式(4-1)得到检出限为 2.1 mg/L。式中的 LOD 是"limit of ditection"的缩写,$\sigma$ 表示在空白溶液(水)中测得的荧光强度的标准偏差,$s$ 代表拟合曲线的灵敏度。

$$\mathrm{LOD}=3\sigma/s \tag{4-1}$$

在前几章中提到淬灭碳点荧光的机理一般包括动态淬灭机理和静态淬灭机理,因此,本章首先表征了和 U(Ⅵ)结合前后 PDCDs 的荧光寿命的变化。采用时间相关单电子计数法(TCSPC)对它们的荧光寿命进行了研究,如图 4-14(a)所示。从对 PDCDs 荧光寿命的数据分析中可以得到两部分数据,说明 PDCDs 的荧光寿命由两部分组成,分别是 3.39 ns(ca.83%)和 9.82 ns(ca.17%),括号内的数据表示相应部分所占的百分比。和 U(Ⅵ)结合后其荧光寿命经过分析是 2.97 ns(ca.82.9%)和 9.28 ns(ca.17.1%),与 PDCDs 并没有明显的变化,而且图 4-14(a)也表明,两者的荧光寿命衰减基本一致。这一结果表明 PDCDs 的荧光淬灭机理倾向于一种静态的淬灭过程,可能是 PDCDs 和 U(Ⅵ)发生化学反应等引起的荧光淬灭。

本章利用动态光散射的方法对 PDCDs 和 U(Ⅵ)结合前后的粒径比进

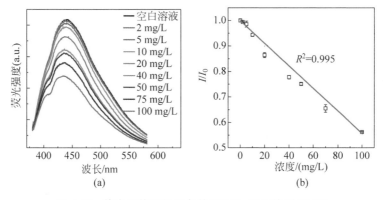

**图 4-13　等离子体阳极制备的 PDCDs 用于检测 U(Ⅵ)**

(a) 随着 U(Ⅵ)浓度的增加,PDCDs 在 360 nm 激发波长下的荧光发射光谱;
(b) 峰值 440 nm 处的荧光强度随 U(Ⅵ)浓度的增加而变化,溶液的 pH＝5

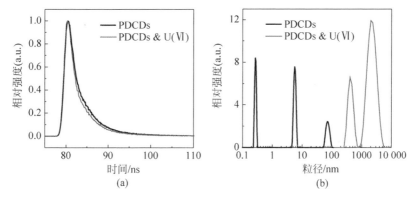

**图 4-14　等离子体阳极制备的 PDCDs 在和 U(Ⅵ)结合前和结合后的变化情况**

(a) 荧光寿命;(b)粒径分布

行了分析,分析结果见图 4-14(b),相应的数据列入表 4-4。结果显示
PDCDs 的溶液具有很小的粒径分布,低于 100 nm。在和 U(Ⅵ)结合后,
PDCDs 的粒径增大到 1000 nm 左右,这种粒径的急剧增加表明大部分
PDCDs 在和 U(Ⅵ)结合后发生了团聚作用,这可能是由 PDCDs 和 U(Ⅵ)
特殊的相互作用引起的。很多研究者制备了聚多巴胺功能化的各种材料用
于 U(Ⅵ)的吸附,这些材料都具有良好的吸附性能,并表示聚多巴胺表面的
羟基和有力的氨基是吸附 U(Ⅵ)的主要官能团。因此,可能是 PDCDs 表
面大量存在的羟基和 U(Ⅵ)发生了特殊的相互作用,引发了 PDCDs 的大
面积聚集,进而淬灭了 PDCDs 的荧光(图 4-15)。

表 4-4　动态光散射法测量 PDCDs 在和 U(Ⅵ)结合前后的粒径分布

| 峰值 | FPD | | | FPD&U(Ⅵ) | |
|---|---|---|---|---|---|
| | 峰 1 | 峰 2 | 峰 3 | 峰 1 | 峰 2 |
| 粒径/nm | 0.27 | 5.69 | 73.85 | 425.5 | 2291 |
| 百分比/% | 32.4 | 40.4 | 19.7 | 23.9 | 76.1 |

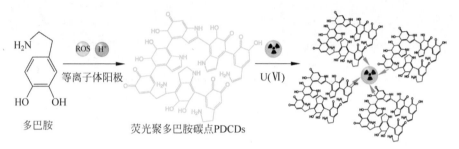

**图 4-15　PDCDs 和 U(Ⅵ)结合后的荧光淬灭机理**

此外,本章还评估了 PDCDs 对 U(Ⅵ)的选择性。将聚多巴胺碳点和很多有竞争性的金属离子($K^+$、$Mg^{2+}$、$Sr^{2+}$、$Ba^{2+}$、$Cr^{3+}$、$Co^{2+}$、$Ni^{2+}$、$Cu^{2+}$、$Zn^{2+}$、$Cd^{2+}$、$Pb^{2+}$、$Ce^{3+}$、$Th^{4+}$)混合,进行荧光性能的测试。图 4-16 的结果表明,相较于其他金属离子,PDCDs 和 U(Ⅵ)结合后荧光被淬灭的程度最大,对 U(Ⅵ)表现出了较好的选择性,有望将其应用于 U(Ⅵ)的检测中。

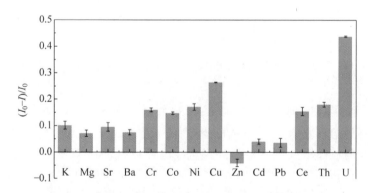

**图 4-16　等离子体阳极制备 PDCDs 对 U(Ⅵ)的选择性**

金属离子浓度 $c=100$ mg/L,pH=5,其中 $I_0$ 和 $I$ 分别为 PDCDs 在 pH=5 的水溶液,以及在含有各金属离子的溶液中的荧光强度

# 第 5 章　CDs/SBA-NH₂ 复合材料的制备及其在 U(Ⅵ)吸附监测中的应用

## 5.1　引　　言

通过前面的研究可以发现碳点和 U(Ⅵ)具有荧光响应,其荧光强度会随着 U(Ⅵ)的浓度和溶液 pH 值的不同而表现出不同程度的淬灭。通过改进制备方法,以等离子体阳极辅助的方法制备的 EDACDs 和 PDCDs 可用于溶液中 U(Ⅵ)的检测,具有较低的检出限和较好的离子选择性,而且这些碳点表面含有丰富的官能团,是一种潜在的铀吸附材料[227]。然而,碳点粒径比较小,大部分易溶于水,在吸附过程中对碳点的分离成为难题,限制了碳点在金属离子吸附方面的进一步应用[228]。因此,需要将碳点和其他材料相结合,制备复合材料,利用碳点表面丰富的官能团进行吸附。近年来,一些研究者也发现了碳点的吸附潜力,并制备了碳点的复合材料用于吸附重金属离子或染料[229]。如 Wang 等[230]将碳点修饰的介孔二氧化硅表面做吸附剂,用于吸附重金属离子 $Hg^{2+}$、$Cu^{2+}$、$Pb^{2+}$。但是这些基于碳点的复合材料制备方法比较复杂,过程烦琐,在应用方面也只是利用碳点表面的官能团,将其作为一种吸附位点,并未利用碳点的荧光性质。此外,通常情况下对金属离子的吸附过程的监测需要很复杂的步骤,首先需要将固液的混合液分离得到澄清溶液,然后经过一系列操作后在 ICP-MS 或 ICP-AES 等复杂仪器上进行样品的检测并获取数据,再进行拟合分析[231-232]。本章希望能够制备一种基于碳点的复合材料,在吸附铀酰离子的同时,利用荧光性质的变化实现对铀酰离子吸附过程的监测。

在固相材料的选取方面,本章经过大量文献调研发现,有序介孔二氧化硅(ordered mesoporous silicas,OMSs)具有高比表面积、有序的孔道结构和可调的孔道形状等优点。其表面含有大量的硅羟基 Si—OH,可作为结合位点实现对介孔二氧化硅的化学修饰和功能化[39]。因此,以介孔二氧化硅为骨架进行功能化的各种材料在电池、离子交换、药物载带、催化剂和吸附剂等领域应用广泛[233-234]。其中,SBA-15 系列的介孔二氧化硅由于具有短通道和较大的介孔而备受吸附领域研究学者的青睐[42]。在溶液中 U(Ⅵ)的吸附方面,很多物质功能化的介孔二氧化硅,如胺肟[44]、多巴胺[46]、磷酸[48]和聚丙烯亚胺[50]等材料也跻身吸附性能良好的 U(Ⅵ)吸附剂。因此,将介孔二氧化硅作为骨架材料,对其进行功能化以提高其吸附性能成为很多学者研究的课题。

　　本章继续拓展等离子体电化学在碳点复合材料的制备方面的应用。在碳点的选取方面,通过对比第 3 章和第 4 章中等离子体法制备的 EDACDs 和 PDCDs,发现 EDACDs 的荧光量子产率较高,且对 U(Ⅵ)的检测性能也较好。因此,本章选用柠檬酸和乙二胺为原料,在等离子体阳极的辅助下,用一步法、原位制备碳点介孔二氧化硅的复合材料,图 5-1 是复合材料的制备和应用过程的示意图。本章采用荧光光谱等方法研究了复合材料的荧光性质,通过透射电子显微镜(TEM)、扫描电子显微镜(SEM)、傅里叶变换红外光谱仪(FT-IR)、小角 X 射线衍射(SAXRD)、X 射线光电子能谱(XPS)、元素分析和氮气吸附/脱附测试等手段表征了 CDs/SBA-NH$_2$ 复合材料的形貌、结构和组成性质。将所制备的复合材料应用于溶液中铀酰离子的吸附,同时利用复合材料中的碳点吸附铀酰离子后荧光强度的变化,实现对吸附过程的在线监测。

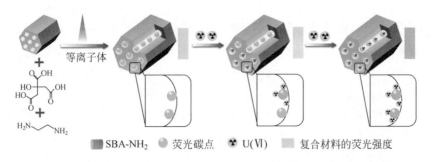

**图 5-1　等离子体一步法原位制备碳点/介孔二氧化硅复合材料及其对铀酰离子吸附示意图**

## 5.2　实 验 部 分

### 5.2.1　实验试剂与仪器

实验所用试剂信息,见表 5-1。

**表 5-1　实验试剂信息汇总**

| 试　　剂 | 英文名称/化学式 | 购 买 公 司 | 纯　　度 |
|---|---|---|---|
| 柠檬酸 | citric acid,CA | Alfa Aesar | 99.5% |
| 乙二胺 | ethylenediamine,EDA | Aladdin | 98% |
| 四甲基硅氧烷 | TMOS | | 98% |
| [3-(2-氨乙基)氨丙基]三甲氧基甲硅烷 | APTMS | 北京百灵威科技有限公司 | 97% |
| 氯化镁 | MgCl$_2$ | | 98% |
| 聚(乙二醇)-聚(丙二醇)-聚(乙二醇) | P123 | Sigma Aldrich | $M_n=5800$ |
| 乙醇 | C$_2$H$_5$OH | 北京化工厂 | 99% |
| 盐酸 | HCl | 北京化工厂 | 36 wt.%~38 wt.% |
| 氢氧化钠 | NaOH | 北京化工厂 | >99.5% |
| 硝酸 | HNO$_3$ | 北京化工厂 | 65wt.% |
| 硝酸钠 | NaNO$_3$ | 北京化工厂 | >99% |
| 金属硝酸盐(K$^+$、Mg$^{2+}$、Sr$^{2+}$、Ba$^{2+}$、Cr$^{3+}$、Co$^{2+}$、Ni$^{2+}$、Cu$^{2+}$、Zn$^{2+}$、Cd$^{2+}$、Pb$^{2+}$、Ce$^{2+}$) | | 北京化工厂 | >99% |

自制去离子水用于溶液的配制,所有试剂购买后未经纯化,直接使用

扫描电子显微镜(SEM),Merlin,加速电压为 30 kV;

透射电子显微镜(TEM),型号:HT-7700 显微镜,加速电压为 120 kV;

小角 X 射线衍射(SAXRD),D8 ADVANCE X 射线衍射仪,用 Cu Kα 射线收集数据;

元素分析仪,Elementar Vario,型号:EL Ⅲ;

表面积和多孔性分析仪,Gemini Ⅶ 2390,开展氮气的吸附/脱附实验,以表征 SBA-NH$_2$ 前驱体和 CDs/SBA-NH$_2$ 复合材料的比表面积、孔体积、平均孔尺寸和孔径分布等结构性质。在实验前,将 SBA-NH$_2$ 前驱体和

CDs/SBA-NH$_2$ 复合材料在 100 ℃下真空脱气 3 h 以上,实验结束后通过 Brunauer-Emmett-Teller(BET)方法计算材料的比表面积,而孔体积和孔径分布等信息则通过 Barrett-Joyner-Halenda(BJH)方法拟合分析获得;

铀酰离子的浓度通过 Arsenazo Ⅲ 方法在 721 型号的分光光度计上于 652 nm 波长下测得,而其他金属离子的浓度通过电感耦合等离子体-原子发射光谱(ICP-AES,Spectro Arcos Sop)测得。

## 5.2.2   SBA-NH$_2$ 的制备

大孔径和短通道的氨基功能化的有序介孔二氧化硅是采用改进的共缩合方法制备的[235-236]。具体实验步骤为,在大烧杯中加入 100 mL 去离子水和 14.8 mL 质量分数为 37% 的浓盐酸,用天平称取 2.96 g(0.5 mmol)的 EO$_{20}$PO$_{70}$EO$_{20}$(Pluronic,P123)和 5.71 g(0.06 mol)的 MgCl$_2$ 粉末加入烧杯中,放入磁子在磁力搅拌器上搅拌 12 h 直至 P123 充分溶解。将溶解后的上述溶液放入 500 mL 的三口烧瓶中,进行机械搅拌,向其中加入 3.88 g(0.025 mol)的 TMOS,在 40 ℃水浴的条件下预水解 2 h。边搅拌边缓慢滴加 0.80 g(0.0045 mol)APTMS,在 40 ℃的水浴锅中持续搅拌 24 h 得到白色凝胶状产物。将其移入聚四氟乙烯内衬的不锈钢水热反应釜中,放入恒温干燥箱,保持温度为 80 ℃陈化处理 24 h。溶液中所加各种混合物的摩尔比为 0.85 TMOS : 0.15 APTMS : 0.017 P123 : 2.04 MgCl$_2$ : 5.9 HCl : 206.5 H$_2$O。待水热处理结束后将粗产品用去离子水和乙醇过滤洗涤,放入索氏提取器中用乙醇/盐酸($V_{乙醇}/V_{盐酸}$=49/1)的溶液进行回流萃取 7 天,用于去除 P123 模板剂。将产物在真空干燥箱内于 80 ℃下干燥 24 h,即可得到氨基功能化的介孔二氧化硅(SBA-NH$_2$)的白色粉末。

## 5.2.3   CDs/SBA-NH$_2$ 复合材料的制备

本章利用等离子体阳极原位、一步法制备碳点功能化的 SBA-NH$_2$ 复合材料。制备过程所使用的等离子体电化学装置同第 3 章,即在高电压下击穿不锈钢细管尖端的氩气产生等离子体作为阳极,铂丝作为阴极。称取 30 mg 的 SBA-NH$_2$ 和 50 mg 的硝酸钠固体分散于 10 mL 去离子水中,在超声波清洗机上超声使其分散均匀。加入 0.96 g 柠檬酸和 500 μL 乙二胺液体,搅拌使其溶解并和分散的 SBA-NH$_2$ 充分混合。将溶液转入 H 形反应器中,使两侧溶液的体积均为 10 mL。设置等离子体阳极和铂丝阴极之间的电流恒定为 10 mA,将上述溶液在等离子体阳极的作用下处理 40 min。

反应结束后将等离子体阳极侧的溶液取出,分别以去离子水和乙醇为溶剂,用离心机进行离心洗涤,将溶液中的碳点和尚未反应的原料去除。将洗净的固体置于真空干燥箱内,设置温度为 40 ℃进行干燥,将获得的淡黄色粉末即 CDs/SBA-NH₂ 复合材料收集备用。

另外,本章还做了一系列的对比实验,如改变等离子体的作用时间,分别为 10 min、20 min、30 min 和 40 min,制备了一系列荧光强度不同的 CDs/SBA-NH₂ 复合材料。等离子体单独处理 SBA-NH₂,制备了等离子体作用处理的 SBA-NH₂ 材料,具体操作为将 SBA-NH₂ 和 NaNO₃ 分散于 10 mL 的去离子水中,直接用等离子体阳极处理 40 min,洗涤干燥,用于观察等离子体处理前后的 SBA-NH₂ 对 U(Ⅵ)的吸附性能的变化。

### 5.2.4　U(Ⅵ)的吸附实验

本章利用硝酸铀酰配制了 pH＝2 的 200 g/L 的含铀溶液。在此基础上,根据吸附实验的需求配制了不同 pH 值和不同初始浓度的 U(Ⅵ)溶液。含铀溶液的配制步骤为,用移液枪移取适量 200 g/L 硝酸铀酰的溶液加入 100 mL 的容量瓶中,加入较浓的高氯酸钠溶液,调节最终溶液的离子浓度为 0.01 mol/L,用去离子水定容。在 pH 计上通过添加少量 HNO₃ 和 NaOH 溶液以配制 pH 值不同的 U(Ⅵ)溶液。

SBA-NH₂ 前驱体和 CDs/SBA-NH₂ 复合材料的吸附实验操作过程简单描述如下。在 15 mL 的离心管内加入 5 mg 的吸附剂和 10 mL 的铀酰离子溶液(不同初始 U(Ⅵ)浓度或不同 pH 值),在超声波清洗器中进行超声分散,待分散均匀后将其放入恒温空气浴中设置温度为 25 ℃进行吸附。吸附 2 h 后将其取出,用 0.45 μm 的微孔滤膜将有吸附剂的分散液进行固液分离,获取澄清溶液用于进一步分析。在 721 型分光光度计上,用偶氮砷Ⅲ的方法确定铀酰离子的初始浓度和吸附后的溶液中 U(Ⅵ)的浓度。该方法是 S. B. Savvin 在 1961 年发表的[237],其原理是在弱酸性条件下,利用偶氮砷Ⅲ和不同浓度的 U(Ⅵ)结合后发生显色反应,其络合产物在 652 nm 处的吸光强度的不同而测定溶液中 U(Ⅵ)的浓度。先测量不同浓度标准 U(Ⅵ)溶液的吸光度,以吸光度和 U(Ⅵ)的浓度分别为横纵坐标,绘制 U(Ⅵ)的标准曲线。随后测定吸附铀前后不同溶液样品的吸光度,将记录的吸光度值与标准曲线进行对比,即可获得样品中 U(Ⅵ)的浓度。本章中将吸附容量 $q_e$ 定义为

$$q_e = \frac{(c_0 - c_e) \cdot V}{m} \tag{5-1}$$

其中,$c_0$ 和 $c_e$ 分别表示铀酰离子的初始浓度和吸附平衡后的浓度(mg/L)。$V$ 表示铀酰离子溶液的体积(mL),$m$ 表示吸附剂的质量(mg)。

此外,采用 pH=5 的多种离子共存的溶液分别考察了 SBA-NH$_2$ 前驱体和 CDs/SBA-NH$_2$ 复合材料对铀的吸附选择性,溶液中金属离子的浓度均为 100 mg/L。吸附的固液比为 1:2,吸附温度恒定为 25 ℃,为吸附完全,吸附时间延长为 24 h。吸附结束后用滤膜进行固液分离,在 ICP-AES 上测试吸附后溶液中残余的各金属离子浓度。而荧光选择性的判定则是用荧光光谱仪分别测定 CDs/SBA-NH$_2$ 复合材料和各种不同的金属离子混合前后的荧光强度的变化,各金属离子的浓度为 100 mg/L,pH=5,激发光波长为 360 nm,选取 430 nm 处的荧光强度进行分析。

### 5.2.5　U(Ⅵ)吸附过程的在线监测

本章还设计了一系列实验用于验证复合材料 CDs/SBA-NH$_2$ 的荧光性质在吸附 U(Ⅵ)后的变化情况,希望利用荧光强度的变化在线检测吸附剂对 U(Ⅵ)的吸附过程。吸附剂和溶液的用量同上,不同的是上述实验是吸附的实验,而此处是直接用荧光光谱仪检测吸附后(不同的吸附时间和不同初始 U(Ⅵ)溶液的浓度)溶液的荧光强度的变化,激发光波长为 360 nm,选取 430 nm 处的荧光强度在 Origin 8.0 上进行数据分析。所有吸附实验和荧光监测实验均重复 3 次,以获取误差限。

## 5.3　结果与讨论

### 5.3.1　CDs/SBA-NH$_2$ 复合材料的表征

#### 1. 复合材料的荧光性质

本章通过等离子体阳极处理含有柠檬酸、乙二胺和氨基功能化的介孔二氧化硅(SBA-NH$_2$)的混合分散液,在 SBA-NH$_2$ 上原位生成碳点,制备了碳点功能化的介孔二氧化硅的复合材料,命名为"CDs/SBA-NH$_2$"。

在实验初期,本章利用荧光光谱仪检测各种材料的荧光性质,以验证碳点是否成功负载。首先,用等离子体处理柠檬酸、乙二胺和 SBA-NH$_2$ 混合溶液 30 min 后,将固相材料用水和乙醇洗涤;其次,重新分散在水溶液中,用荧光光谱仪检测其荧光。从图 5-2(a)可以看到,等离子体处理后的碳点复合材料具有很强的荧光信号,表明碳点的成功负载。之后,本章设计了对比实验,即先用等离子体阳极处理柠檬酸和乙二胺制得碳点的溶液,然后把 SBA-NH$_2$ 分散在碳点溶液中浸渍 30 min,洗涤分散,用荧光光谱仪测试其荧光信号,结果见图 5-2(a)。可以明显看出,通过浸渍法所制备的复合材料并没有荧光性质,说明碳点并没有成功负载在 SBA-NH$_2$ 表面。这一对比实验表明了通过两步法,即先制备碳点,然后将 SBA-NH$_2$ 和碳点混合浸渍的方法是无法实现碳点的成功负载的。同时也证实了等离子体直接处理碳点的原料和 SBA-NH$_2$ 的分散液,可以通过原位、一步法,快速地制备碳点介孔二氧化硅的材料。因此,本章采用等离子体阳极直接处理柠檬酸、乙二胺和 SBA-NH$_2$ 的分散液快速、原位地制备 CDs/SBA-NH$_2$ 复合材料。本章研究了等离子体作用时间的长短对复合材料荧光强度的影响。如图 5-2(b)所示,在 360 nm 激发光下,SBA-NH$_2$ 前驱体是没有荧光的。随着等离子体阳极作用时间的增加,CDs/SBA-NH$_2$ 复合材料的荧光强度逐渐增强,说明碳点在介孔二氧化硅表面的负载量也逐渐增多。

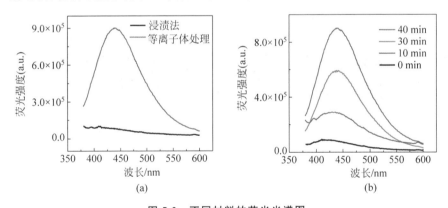

图 5-2　不同材料的荧光光谱图

(a) 不同方法制备的碳点介孔二氧化硅复合材料的荧光性质;

(b) 等离子体处理不同时间后所制备的碳点复合材料的荧光强度

本章对等离子体作用 40 min 所制备的 CDs/SBA-NH$_2$ 复合材料的性质进行了分析表征。首先,测试了复合材料的荧光光谱,如图 5-3(a)所示。复合材料具有很好的荧光性质,并且和等离子体处理柠檬酸和乙二胺得到的纯碳点的荧光光谱相似(图 5-3(b)),两者具有相同的激发光依赖性,即随着激发光波长从 320 nm 增加到 440 nm,发射峰的峰值也从 418 nm 红移到了 500 nm 左右,而且最高发射峰的激发波长均为 360 nm,说明复合材料的荧光性质和纯碳点的荧光性质是一致的,进一步表征了 CDs/SBA-NH$_2$ 复合材料固体粉末的荧光性质。如图 5-3(c)所示的荧光照片,可以清楚地看到在激发光波段为紫外、蓝光和绿光的激发照射下,复合材料的固体粉末发出了蓝色、绿色和红色的荧光,说明负载了碳点以后的 SBA-NH$_2$ 具有很好的荧光性质。上述实验表明,碳点成功负载在介孔二氧化硅的表面,制成了 CDs/SBA-NH$_2$ 复合材料,且复合材料依旧保留了碳点的荧光性质。

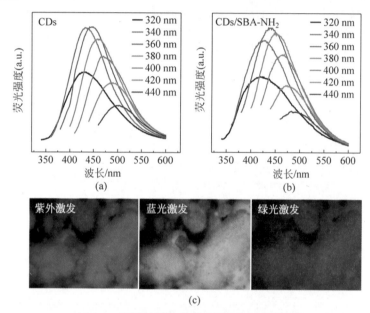

**图 5-3　不同材料的荧光光谱图和荧光照片**

(a) CDs/SBA-NH$_2$ 复合材料的荧光光谱图;(b) 等离子体阳极处理柠檬酸和乙二胺所制备碳点的荧光光谱图;(c) 复合材料固体粉末在不同波长激发光下的荧光照片

## 2. 复合材料的组成和结构

本章通过 FT-IR 和 XPS 分析的方法对负载碳点前后的 SBA-NH$_2$ 的元素组成和官能团种类进行了考察。如图 5-4 所示,SBA-NH$_2$ 前驱体和 CDs/SBA-NH$_2$ 复合材料均有 Si—O—Si(1090 cm$^{-1}$)、N—H(1627 cm$^{-1}$) 和 C—N(1395 cm$^{-1}$)的特征峰,而只有负载碳点后的 SBA-NH$_2$ 出现了

C=O（1695 cm⁻¹）的特征峰。这一峰值是碳点的特征峰，因为纯 SBA-NH₂ 表面没有碳氧双键的结构，只有碳点结构中的羧基具有C=O，表明碳点成功负载于 SBA-NH₂ 表面。

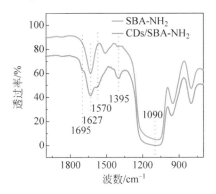

**图 5-4　SBA-NH₂ 前驱体和 CDs/SBA-NH₂ 复合材料的 FT-IR 分析**

对 SBA-NH₂ 前驱体和 CDs/SBA-NH₂ 复合材料的 XPS 分析表征见图 5-5。对两种介孔材料的 XPS 分析结果中的 C1s 峰的分峰解析发现，负载碳点前后的 SBA-NH₂ 中均含有 C—C/C=C（284.5 eV）和 C—N 键（286.2 eV），只有 CDs/SBA-NH₂ 复合材料出现了 C=O 的分峰（288.0 eV）（表 5-2），进一步说明了碳点的成功负载。另外，可以看到两者的元素组成中都含有 C、N、O 和 Si 4 种元素，表 5-3 中碳元素的百分含量在负载了碳点后由原来的 12.3%增加到 14.8%，而且这种现象在对两种介孔硅材料的元素分析中也可以观察到。表 5-4 是对 SBA-NH₂ 前驱体和 CDs/SBA-NH₂ 复合材料

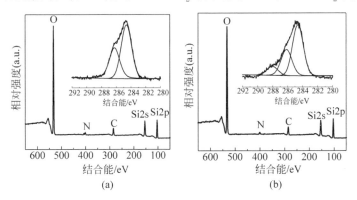

**图 5-5　复合材料的 XPS 分析**

（a）SBA-NH₂ 前驱体；（b）CDs/SBA-NH₂ 复合材料；内置图是 C1s 峰分峰分析

中 C、H 和 N 的元素分析结果,其中 C 元素的含量也在碳点的负载前后发生了变化,由 6.24% 上升到 7.35%。上述结果再次表明碳点已成功负载于介孔二氧化硅材料的表面,形成了 $CDs/SBA-NH_2$ 复合材料。

**表 5-2　XPS 分析(C1s 分峰分析)**

| | C—C/C=C | C—N | C=O |
|---|---|---|---|
| $SBA-NH_2$ | 284.6 eV | 286.2 eV | |
| | 61.1% | 38.9% | |
| $CDs/SBA-NH_2$ | 284.6 eV | 286.1 eV | 288.0 eV |
| | 58.4% | 31.2% | 10.4% |

**表 5-3　XPS 分析(元素含量)**

| | C1s/% | N1s/% | O1s/% | Si/% |
|---|---|---|---|---|
| $SBA-NH_2$ | 12.33 | 3.66 | 58.03 | 25.98 |
| $CDs/SBA-NH_2$ | 14.80 | 2.79 | 57.11 | 25.30 |

**表 5-4　元素分析的元素含量**

| | C/% | N/% | H/% |
|---|---|---|---|
| $SBA-NH_2$ | 6.24 | 1.65 | 2.97 |
| $CDs/SBA-NH_2$ | 7.35 | 1.60 | 2.56 |

　　$SBA-NH_2$ 前驱体和 $CDs/SBA-NH_2$ 复合材料的微观形貌请见如图 5-6 所示的扫描电子显微镜(SEM)的照片,负载碳点前后的 $SBA-NH_2$ 均呈短通道的圆柱棒状结构,碳点的负载并没有破坏其短通道的孔道结构。$CDs/SBA-NH_2$ 复合材料的透射电子显微镜照片如图 5-7(a)所示,介孔二氧化硅的介孔孔道清晰可辨,而且其表面隐约可见一些碳点的纳米颗粒。由于碳点的主要成分是 C、H 和 O,当其负载在介孔二氧化硅表面,并利用透射电镜观察时,并不能被清晰地看到。另外,利用小角 X 射线衍射(SAXRD)对两种介孔材料的介孔结构做了进一步表征,从图 5-7(b)可以看到,$SBA-NH_2$ 前驱体和 $CDs/SBA-NH_2$ 复合材料都存在(100)、(110)和(200)3 个晶面的衍射峰,是典型的介孔二维六方晶系(p6mm),表明负载碳点前后的介孔二氧化硅都具有较好的有序介孔结构[238]。除此之外,通过氮气的吸附/脱附实验对两种介孔材料的比表面积、孔体积和孔径分布等性质进行了测试。图 5-8(a)显示的是负载碳点前后介孔硅材料的氮气吸附/脱附曲线,可以看

出两种样品都呈现了 IUPAC 标准中的典型Ⅳ型吸附等温线,并且在相对分压在 0.4～0.8 时呈现了典型的 H1 型回滞环结构。此压力区域主要是由单层吸附转变为多层吸附并伴随毛细凝聚现象的区域,说明负载碳点前后的介孔二氧化硅具有良好的介孔结构。通过 BET 方法的计算,SBA-NH$_2$ 前驱体和复合材料的比表面积(表 5-5)分别是 499.7 m$^2$/g 和 559.9 m$^2$/g。采用 BJH 的拟合方法对氮气的吸附/脱附实验数据进行了进一步拟合分析,得到的孔体积和孔径的相关结构参数见表 5-5。可以发现随着碳点的引入,SBA-NH$_2$ 的比表面积、孔体积和孔径均有微小的增加,可能是因为碳点呈纳米点状分散在介孔材料的孔道中,这种局部凸起的分散模式导致孔道比表面积等参数略有增加。

以上实验表征和分析的结果表明,通过等离子体阳极处理柠檬酸、乙二胺和 SBA-NH$_2$ 分散液的方法原位成功地制备了 CDs/SBA-NH$_2$ 复合材料。复合材料不仅具有碳点自身的荧光性质,也保留了 SBA-NH$_2$ 前驱体的介孔结构等性质。

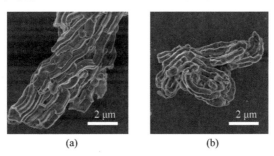

**图 5-6 不同材料的 SEM 照片**
(a) SBA-NH$_2$ 前驱体;(b) CDs/SBA-NH$_2$ 复合材料

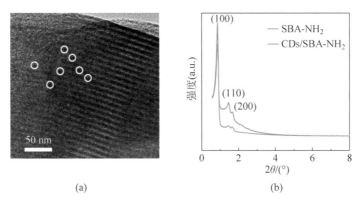

**图 5-7 CDs/SBA-NH$_2$ 复合材料表征**
(a) TEM 照片;(b) SBA-NH$_2$ 前驱体和 CDs/SBA-NH$_2$ 复合材料的 SAXRD

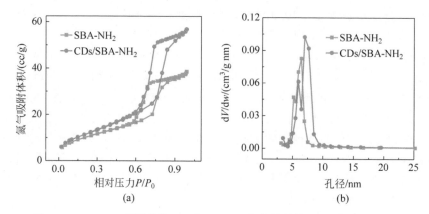

**图 5-8　SBA-NH$_2$ 前驱体和 CDs/SBA-NH$_2$ 复合材料的 N$_2$ 吸附/脱附实验**

（a）氮气吸附/脱附等温线；（b）孔尺寸分布

**表 5-5　从 BET 计算得到的介孔材料的比表面积、孔体积和孔道大小**

| 样　品 | SBA-NH$_2$ | CDs/SBA-NH$_2$ |
|---|---|---|
| 比表面积/(m$^2$/g) | 499.7 | 559.9 |
| 孔体积/(cm$^3$/g) | 0.784 | 1.183 |
| 孔道大小/nm | 6.38 | 6.95 |

## 5.3.2　复合材料对 U(Ⅵ)的吸附和荧光响应

本章首先对负载碳点前后的 SBA-NH$_2$ 的吸附性能做了对比。从图 5-9 可以清楚看到，在 pH＝3 和 5 的含 U(Ⅵ)溶液中，CDs/SBA-NH$_2$ 复合材料对 U(Ⅵ)的吸附容量明显高于 SBA-NH$_2$ 前驱体。为了证实这种吸附容量的增加是源自碳点的负载而非其他实验条件的影响，本章用等离子体阳极单独处理 SBA-NH$_2$ 的前驱体，并将其用于 U(Ⅵ)的吸附。如图 5-9(a)所示，在不同 pH 值的溶液中，等离子体阳极处理前后的 SBA-NH$_2$ 对 U(Ⅵ)的吸附容量基本不变，说明单纯等离子体阳极的处理并未提高介孔二氧化硅前驱体的吸附性能，而碳点的负载是吸附容量增加的主要因素。另外，复合材料在 pH＝3～6 时表现出优异的吸附性能。如图 5-9(b)所示，复合材料的吸附量在 pH＝5 出现了峰值(173.60 mg/g)，比 SBA-NH$_2$ 前驱体的吸附量增加了 96.02 mg/g。值得一提的是，相较于前驱体，复合材料的吸附量在不同 pH 值下的增量基本不变，表明碳点对于铀酰离子的吸附性能不依赖于溶液 pH 值的变化。图中数据还表明在溶液 pH＝3 时，SBA-NH₂ 前驱体并没有明显的吸附能力，而碳点的掺杂使得吸附量从 8.2 mg/g 提升到 61.4 mg/g，增加了近 7 倍。以上这些实验结果均表明，碳点的引入提高了二氧化硅对 U(Ⅵ)的吸附容量。此外，当 pH 值低于 3 时，前驱体和复合材料基本没有吸附性能，可能是由于在较低的 pH 值下，溶液中大量存在的氢离子($H^+$)和铀酰离子构成了竞争关系，大多数的吸附活性位点被 $H^+$ 占据而影响了材料对铀酰离子的进一步吸附。

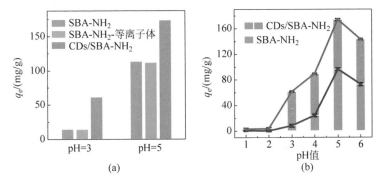

**图 5-9　不同材料对 U(Ⅵ)的吸附性能**

(a) SBA-NH₂ 前驱体、等离子体阳极处理后的 SBA-NH₂ 和 CDs/SBA-NH₂ 复合材料在 pH＝3 和 pH＝5 的溶液中吸附 U(Ⅵ)的容量；(b) 在不同 pH 值的溶液中，SBA-NH₂ 前驱体和 CDs/SBA-NH₂ 复合材料对 U(Ⅵ)吸附容量，$T＝25\ ℃$, $m/V＝0.5\ mg/mL$, $[U(Ⅵ)]＝100\ mg/L$

5.3.1 节的表征结果显示，CDs/SBA-NH₂ 复合材料仍具有碳点的荧光性质，本节表征了复合材料对溶液中 U(Ⅵ)的荧光响应。将复合材料分散在含有不同浓度的 U(Ⅵ)溶液中进行吸附，用荧光光谱仪测量其荧光强度的变化，研究复合材料对 U(Ⅵ)的荧光响应性能。如图 5-10 所示，CDs/SBA-NH₂ 复合材料表现出和纯碳点相似的性质，即随着铀酰离子初始浓度的增加，复合材料的荧光强度逐渐减弱。这一实验结果进一步证实了 CDs/SBA-NH₂ 复合材料上负载的碳点和等离子体阳极制备的纯碳点具有相似的性质，且碳点的负载在增加对 U(Ⅵ)的吸附容量的同时也保留了对 U(Ⅵ)的荧光响应性能。CDs/SBA-NH₂ 复合材料有望作为一种新型吸附剂吸附铀酰离子，同时可以利用荧光响应性能实现对吸附过程的在线监测。

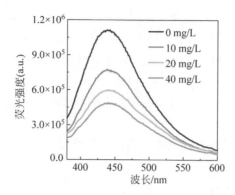

**图 5-10    CDs/SBA-NH$_2$ 在初始浓度不同的 U(Ⅵ)溶液中的荧光响应**

pH=3,T=25 ℃,m/V=0.5 mg/mL,[U(Ⅵ)]=100 mg/L

### 5.3.3    吸附过程的在线监测和选择性评价

本节系统研究了 CDs/SBA-NH$_2$ 复合材料在 pH=3 的溶液中对 U(Ⅵ)的吸附行为,以及复合材料对 U(Ⅵ)的荧光响应性能,希望将复合材料对铀的荧光响应性能和吸附行为结合起来,利用和铀结合后复合材料荧光的变化实现对吸附过程的在线监测。选择 pH=3 的溶液进行吸附的研究,是因为经过上述的初步表征发现,在溶液的 pH 值逐渐上升到 3 时,SBA-NH$_2$前驱体对铀基本没有吸附能力,而复合材料对铀吸附容量的提升可归因于碳点的负载,在此 pH 值下,复合材料表面的碳点成为主要的吸附位点,可以实现吸附性能和荧光性能的良好结合。

#### 1. 吸附动力学

先来研究 CDs/SBA-NH$_2$ 复合材料对铀酰离子的吸附动力学。复合材料和铀酰离子溶液混合不同时间(2 min 到 8 h)后,其吸附容量和荧光强度的变化如图 5-11(a)所示。可以看到,在最初的几分钟内,复合材料对铀酰离子的吸附容量骤增,表明此吸附过程是超快速的吸附动力学。当吸附时间为 10 min 时,复合材料对铀酰离子的吸附容量基本达到平衡。而且准一级和准二级的吸附动力学模型的拟合结果(图 5-11(b))表明,此吸附动力学更倾向于准二级吸附动力学模型($R^2$=0.999),说明复合材料表面的碳点通过化学键合和铀酰离子发生相互作用而达到吸附目的。详细的拟合参数见表 5-6,准二级吸附模型拟合得到的最大吸附容量 54.9 mg/g 也和本实验得到的 54.6 mg/g 更加接近。

表 5-6　通过对吸附动力学拟合的准一级吸附模型和准二级吸附模型的动力学参数

| 样品 | 准一级吸附模型 | | | 准二级吸附模型 | | |
|---|---|---|---|---|---|---|
| | $k_1/\min$ | $q_{e,1}/(\mathrm{mg/g})$ | $R^2$ | $k_2/(\mathrm{g/mg \cdot min})$ | $q_{e,2}/(\mathrm{mg/g})$ | $R^2$ |
| CDs/SBA-NH$_2$ | 1.16 | 53.5 | 0.992 | 0.019 | 54.9 | 0.999 |

　　为了探究吸附行为,本章采用了准一级和准二级动力学吸附模型进行拟合研究。两种动力学模型描述如下:

$$\ln(q_e - q_t) = \ln q_e - k_1 t \tag{5-2}$$

$$\frac{t}{q_t} = \frac{1}{q_e}t + \frac{1}{k_2 q_e^2} \tag{5-3}$$

其中,$q_e$ 和 $q_t$(mg/g)是在平衡后和 $t$ 时刻的吸附量,$k_1$(min)和 $k_2$(g/mg·min)则代表准一级吸附模型和准二级吸附模型的吸附速率。通过线性回归分析得到的斜率和截距(图 5-11(b))则可以用来计算速率常数($k_2$)和平衡吸附容量($q_e$)。表 5-6 列出了拟合后的热力学参数和线性相关系数 $R^2$。

　　此外,本章表征了复合材料和铀酰离子接触不同时间后的荧光强度,结果见图 5-11(a)。在复合材料和铀酰离子接触的前几分钟,其荧光强度急剧下降,之后随着时间的延长,荧光强度基本保持不变。荧光强度的变化趋势和吸附动力学相似,说明复合材料表面的碳点在吸附了铀酰离子后,其荧光也相应地被铀酰离子淬灭。因此,可以利用复合材料和铀酰离子结合后荧光强度的变化在线监测吸附过程。

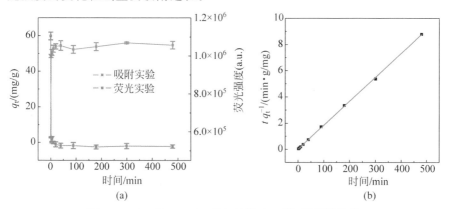

图 5-11　CDs/SBA-NH$_2$ 复合材料对 U(Ⅵ)的吸附性能

(a) 吸附动力学以及荧光强度变化曲线;(b) 复合材料在准二级动力学吸附模型拟合下的曲线;pH=3,$T=25\,℃$,$m/V=0.5$ mg/mL,[U(Ⅵ)]=100 mg/L

#### 2. 吸附等温线

为了更有力地证明复合材料的荧光性质可以监测铀酰离子的吸附过程,本节进一步设计了吸附等温线的实验,结果见图 5-12(a)。随着铀酰离子的初始浓度从 0 增加到 100 mg/L,复合材料对铀的吸附容量也逐渐增大,并在铀酰离子浓度为 40 mg/L 时达到吸附饱和。而由于对铀吸附容量的增加,复合材料的荧光强度也逐渐降低,同样在铀酰离子浓度为 40 mg/L 时趋于平稳。吸附量$(q_e)$和荧光强度$(F)$之间的关系拟合为 $F=-1.41\times10^{-4}q_e^2+0.018q_e+0.001$,$R^2=0.998$(图 5-12(b))。实验结果再次证实了利用复合材料的荧光性质,即可简单地实现对铀酰离子吸附过程的在线监测。

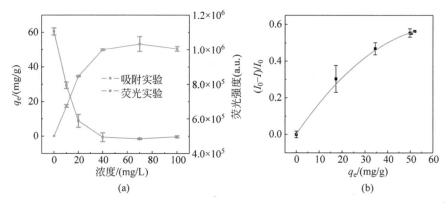

**图 5-12　复合材料对 U(Ⅵ)的吸附性能**

(a) 吸附等温线和荧光强度;(b) 荧光强度和吸附量之间的拟合曲线。pH$=3$,$T=25$ ℃,$m/V=0.5$ mg/mL,[U(Ⅵ)]$=100$ mg/L

#### 3. 吸附选择性

本章评估了复合材料对铀酰离子的选择性。将 SBA-NH$_2$ 前驱体和复合材料分别放入含有铀酰离子和其他金属离子($K^+$、$Mg^{2+}$、$Sr^{2+}$、$Ba^{2+}$、$Cr^{3+}$、$Co^{2+}$、$Ni^{2+}$、$Cu^{2+}$、$Zn^{2+}$、$Cd^{2+}$、$Pb^{2+}$、$Ce^{3+}$)的混合溶液进行吸附。如图 5-13(a)所示,复合材料对铀酰离子的吸附量远高于对其他金属离子的吸附量,而且相较于 SBA-NH$_2$ 前驱体,复合材料对铀酰离子具有更好的吸附选择性。本章用荧光光谱仪检测了复合材料和不同金属离子混合后荧光强度的变化情况,表征了复合材料对铀酰离子的荧光选择性(图 5-13(b))。相较于其他金属离子,铀酰离子和复合材料结合后引发的荧光淬灭程度更大,因此具有较好的荧光选择性。通过对比图 5-13(a)和图 5-13(b)可以发现,复合材料对铀酰离子的吸附选择性和荧光选择性相似,并且复合材料对铀酰离子的荧光选择性和本书第 3 章所制备的 EDACDs 对 U(Ⅵ)的荧光选择性一致。说明可以通过制备先筛选出对 U(Ⅵ)具有良好荧光选择性的碳点,然后再制备基于碳点的复合材料,如此制备的复合材料对 U(Ⅵ)也会具有良好的吸附选择性。因此,这一选择性实验表明,可以利用碳点对金属离子的荧光选择性指导基于碳点的复合材料的合成,用于选择性吸附相应的金属离子。

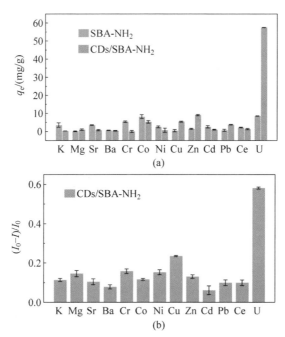

**图 5-13　不同材料在混合金属离子溶液中的选择性实验**

(a) SBA-NH₂ 前驱体和 CDs/SBA-NH₂ 复合材料的吸附选择性;(b) CDs/SBA-NH₂ 复合材料在不同金属离子中的荧光选择性;pH=3,$T$=25℃,$m/V$=0.5 mg/mL,[M]=100 mg/L

## 5.3.4　复合材料的脱附性能

作为一种铀的吸附材料,本章对 CDs/SBA-NH₂ 复合材料的脱附性能进行了表征。如图 5-14 所示,本章表征了在 pH=5 和 pH=3 两个 pH 值条件下复合材料吸附铀以后的脱附能力,实验中采用 0.1 mol/L 的碳酸铵作为脱附剂进行洗脱,图中的蓝色柱状图是复合材料对铀的吸附容量,而橙色柱状图表示从吸附铀以后的复合材料洗脱下来的铀的容量。结果表明,一次洗脱后,其脱附率分别是 80.4%(pH=5)和 83.9%(pH=3),说明复合材料吸附铀以后可以比较容易地实现脱附。

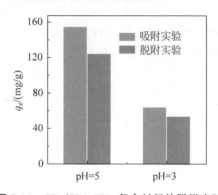

**图 5-14    CDs/SBA-NH$_2$ 复合材料的脱附实验**

pH=5 和 pH=3,[U(Ⅵ)]=100 mg/L,$m/V$=0.5 mg/mL,$T$=25 ℃,$t$=24 h

# 第6章 结论与展望

## 6.1 结　　论

实现铀的高效富集分离对于资源回收和环境保护具有双重意义。碳点作为一类新兴的纳米碳材料,因其丰富的表面功能基团和独特的荧光性质在金属离子的吸附、检测方面具备应用潜力。本书建立了一种新型的等离子体电化学快速合成碳点的方法,系统研究了所制备的碳点对铀酰离子的配位络合和荧光响应性质,并利用等离子体辅助的方法,原位制备了碳点复合材料,发展出一种新型的吸附模式,同步实现了对铀的高效吸附和在线监测。本书的主要研究结论如下:

(1) 以不同的氨基酸为原料,采用水热法合成了 4 种氨基酸碳点(ArgCDs、GlyCDs、LysCDs 和 SerCDs),研究了不同碳点对铀的荧光响应性能。系统表征了 4 种氨基酸碳点的荧光、结构和元素组成等性质。探究了碳点与铀的荧光响应和相互作用机理,结果表明,碳点接触溶液中的铀酰离子会引入荧光淬灭,其淬灭程度与铀溶液的浓度、pH 值和碳点种类相关。在相同条件下,ArgCDs 的淬灭程度最大,SerCDs 的淬灭程度最小。同时,比较研究了碳点对其他金属离子的荧光响应,结果显示 $Cr^{3+}$、$Co^{2+}$、$Ni^{2+}$ 和 $Cu^{2+}$ 等金属离子的存在会对铀响应形成干扰。探讨了碳点的荧光淬灭机理,发现铀酰离子会导致 ArgCDs、LysCDs 和 SerCDs 等碳点发生团聚而淬灭其荧光,而 GlyCDs 则通过和铀酰离子形成络合物而引起荧光淬灭。借助电位滴定法和热力学分析,解释了 GlyCDs 和铀的络合形式并获得了相应的络合参数。

(2) 建立了一种新型的等离子体电化学方法,实现了碳点简单、快速地制备。比较研究了等离子体法制备的碳点(EDACDs)和水热法碳点(HCDs)的结构和性质差异。结果显示,EDACDs 中氧元素含量较高,荧光稳定性好,并且具备更好的耐酸性。揭示了两种碳点合成机理的差异,研究表明,以等离子体处理引起柠檬酸的羧基和乙二胺的氨基发生脱水缩合,能够得到类聚合物碳点;而在水热法合成体系中,原料的脱水和碳化程度更深,生成碳质碳点。将 EDACDs 应用于溶液中铀的检测,检出限为 0.71 mg/L,而且相较于 HCDs,EDACDs 对铀的荧光响应具有较好的选择性,是一种有潜力的铀检测探针。

(3)基于建立的等离子体方法,实现了聚多巴胺碳点的制备,克服了传统方法中粒径不易控制的缺点。不需额外引入其他物质,即可制备颗粒均匀的荧光聚多巴胺碳点。阐明了等离子体方法控制多巴胺聚合的机理,结果发现,等离子体阳极中的氧化性物质引发多巴胺的快速聚合,而溶液中 $H^+$ 浓度的提升抑制了多巴胺聚集体的进一步生长,从而有效控制了多巴胺碳点的聚合程度和粒径。在等离子体阴极,由于反应微区内 pH 值的骤增,以及氧化性物质的存在,多巴胺也可以快速聚合,但其聚合颗粒会随着作用时间的累积而长大,无法可控地制备聚多巴胺碳点。表征了聚多巴胺碳点对铀的荧光响应,发现碳点的荧光可以被铀淬灭,基于此实现了对铀的荧光检测。

(4)拓展了等离子体法在制备碳点复合材料方面的应用,实现了碳点在多孔材料表面的快速、原位合成和负载,并将其应用于铀的吸附和在线监测。以柠檬酸和乙二胺为原料,在介孔二氧化硅表面原位合成了碳点复合材料,克服了碳点在吸附应用时尺寸较小、不易分离的缺点。表征了复合材料的荧光性质和结构,发现碳点成功负载于复合材料表面,且复合材料保留了碳点的荧光性质和介孔二氧化硅的结构特征。研究了复合材料在铀吸附方面的应用,发现碳点的负载提高了二氧化硅的吸附性能,复合材料对铀依旧有荧光响应。建立了基于荧光性质在线监测吸附过程的新型吸附模型,发现复合材料对铀的吸附容量和其荧光强度的变化趋势相似,可利用这一性质在线监测铀的吸附过程。评估了复合材料对铀的选择性,实验发现复合材料的吸附选择性和荧光选择性一致,表明可利用碳点对金属离子的荧光选择性,指导合成基于碳点的复合材料,用于选择性地吸附金属离子。

## 6.2　创　新　性

(1)建立了一种新型的等离子体电化学辅助的方法,用于快速、简便且可控地制备各种碳点及其复合材料。

(2)揭示了碳点和铀的配位络合机制,并且基于碳点的荧光响应性质实现了对溶液中铀的选择性检测。

（3）利用等离子体法快速、原位地制备了碳点-介孔二氧化硅复合材料，并基于碳点对铀的配位络合和荧光响应性质实现了对铀的高效吸附和在线监测。

## 6.3　展　　望

本书建立了一种新型等离子体电化学快速制备碳点的方法，将制备的碳点用于铀的检测，快速、原位地制备了基于碳点的复合材料，并初次将其用于铀的吸附，同时利用复合材料的荧光性质实现了对铀吸附过程的在线监测。但在材料的优化制备和理论机理研究方面还存在进一步研究的空间。

从材料的优化制备方面来看，仍有以下工作可以开展：

（1）筛选并优化碳点的制备原料和方法，提高所制备的碳点对铀检测的灵敏度和选择性。

（2）改进方法和原料，制备其他基于碳点的复合材料，并应用于溶液中铀的吸附，在提高对铀的吸附容量的同时监测吸附过程。

从机理研究与理论分析等方面来看，以下工作还需进一步挖掘：

（1）对碳点的荧光淬灭机理和金属离子的选择性进行深入的理论分析。

（2）优化方法，定量分析碳点表面官能团的含量，并研究碳点与铀的相互作用机理。

# 参 考 文 献

[1] CHEN S,XING W,DU X. Forecast of the demand and supply plan of China's uranium resources till 2030 [J]. International Journal of Green Energy, 2017, 14(7): 638-649.

[2] International Atomic Energy Agency and OECD Nuclear Energy Agency. Uranium 2016: Resources,production and demand: Nuclear energy agency organization for economic co-operation and development [R]. Paris: OECD,2016.

[3] 林双幸,张铁岭,李胜祥. "一带一路"国家铀资源开发合作与机遇[J]. 中国核工业,2016,7: 24-29.

[4] 陈刚,刘久. "一带一路"国家铀资源开发突破与前景[J]. 中国核工业,2016,7: 30-31.

[5] International Atomic Energy Agency and OECD Nuclear Energy Agency. Uranium 2014,Resources,production and demand: Nuclear energy agency organization for economic co-operation and development [R]. Paris: OECD,2014.

[6] 李小燕,张叶. 放射性废水处理技术研究进展[J]. 铀矿冶,2010,29(3): 153-156.

[7] BURNS P C,EWING R C,NAVROTSKY A. Nuclear fuel in a reactor accident [J]. Science,2012,335(6073): 1184-1188.

[8] ASIC A,KURTOVIC-KOZARIC A,BESIC L,et al. Chemical toxicity and radioactivity of depleted uranium: The evidence from in vivo and in vitro studies [J]. Environmental Research,2017,156: 665-673.

[9] 马玉琴,陈玉敏,于明珠,等. 天然铀的水平和危害[J]. 环境科学,1982(2): 49-51.

[10] DOMINGO J L. Reproductive and developmental toxicity of natural and depleted uranium: A review [J]. Reprod Toxicol,2001,15(6): 603-609.

[11] 商照荣,刘华,叶民. 贫化铀的环境污染影响及其对人体健康的危害[J]. 核安全,2004,25(1): 43-48.

[12] 张晓飞. 几种核壳结构磁性材料的制备及其铀吸附性能[D]. 哈尔滨: 哈尔滨工程大学,2014.

[13] UNDERHILL D H. Analysis of uranium supply to 2050 [R]. International Atomic Energy Agency,2002,86: 33-50.

[14] 高军凯. 新型吸附材料的制备及其对溶液中铀的净化研究[D]. 天津: 天津大学,2015.

[15] 陈梓. 多孔性硅基吸附剂的开发及其对放射性污染废水的处理研究[D]. 上海: 上海交通大学,2015.

[16] BRUNO J,EWING R C. Spent nuclear fuel [J]. Elements,2006,2(2)：343-349.

[17] WANG J S,BAO Z L,CHEN S G,et al. Removal of uranium from aqueous solution by chitosan and ferrous ions [C]. ICONE18：Xi'an,2010.

[18] SHOLL D S,LIVELY R P. Seven chemical separations to change the world [J]. Nature,2016,532(7600)：435-439.

[19] PARKER B F,ZHANG Z,RAO L,et al. An overview and recent progress in the chemistry of uranium extraction from seawater [J]. Dalton Transactions,2018, 47：639-644.

[20] 牛玉清,陈树森.盐湖提铀：铀资源开发新途径[J].中国核工业,2016,11：21-23.

[21] 蒋正静,朱利明,曹正白.系列双亚砜铀酰配合物的合成及萃取铀的研究[J].淮阴师范学院学报(自然科学版),2002,1(2)：57-59.

[22] 谢小风,唐辉,应敏,等.席夫碱冠醚对铀酰离子萃取性能的研究[J].分析科学学报,2002,18(5)：436.

[23] ZARROUGUI R,MDIMAGH R,RAOUAFI N. Highly efficient extraction and selective separation of uranium (Ⅵ) from transition metals using new class of undiluted ionic liquids based on H-phosphonate anions [J]. Journal of Hazardous Materials,2018,342：464-476.

[24] 罗明标,刘淑娟,余亨华.氢氧化镁处理含铀放射性废水的研究[J].水处理技术, 2002,28(5)：274-277.

[25] AMPHLETT J,OGDEN M D,Foster R,et al. Polyamine functionalised ion exchange resins：Synthesis,characterisation and uranyl uptake [J]. Chemical Engineering Journal,2018,334：1361-1370.

[26] SCHULTEHERBRÜGGEN H M A,SEMIÃO A J C,CHAURAND P,et al. Effect of pH and pressure on uranium removal from drinking water using NF/RO membranes [J]. Environmental Science & Technology,2016,50(11)：5817-5824.

[27] 高军凯,顾平,张光辉,等.吸附法处理低浓度含铀废水的研究进展[J].中国工程科学,2014,16(7)：73-78.

[28] LINDNER H,SCHNEIDER E. Review of cost estimates for uranium recovery from seawater [J]. Energy Economics,2015,49：9-22.

[29] 黄瑶瑶.含铀废水生物吸附处理的研究进展[J].应用化工,2017,46(8)： 1594-1598.

[30] BRUTINEL E D,GRALNICK J A. Shuttling happens：Soluble flavin mediators of extracellular electron transfer in Shewanella [J]. Applied Microbiology and Biotechnology,2012,93(1)：41-48.

[31] WILLIAMS K H,BARGAR J R,LLOYD J R,et al. Bioremediation of uranium-contaminated groundwater：A systems approach to subsurface biogeochemistry [J]. Current Opinion in Biotechnology,2013,24(3)：489-497.

[32] BEAZLEY M J,MARTINEZ R J,WEBB S M,et al. The effect of pH and natural

microbial phosphatase activity on the speciation of uranium in subsurface soils [J]. Geochim Cosmochim Ac,2011,75(19): 5648-5663.

[33] GADD G M. Biosorption: Critical review of scientific rationale, environmental importance and significance for pollution treatment [J]. Journal of Chemical Technology and Biotechnology,2009,84(1): 13-28.

[34] CHOUDHARY S, SAR P. Uranium biomineralization by a metal resistant pseudomonas aeruginosa strain isolated from contaminated mine waste [J]. Journal of Hazardous Materials,2011,186(1): 336-343.

[35] NEWSOME L, MORRIS K, LLOYD J R. The biogeochemistry and bioremediation of uranium and other priority radionuclides [J]. Chemical Geology,2014,363(1): 164-184.

[36] WANG T,ZHENG X, WANG X, et al. Different biosorption mechanisms of uranium(Ⅵ) by live and heat-killed saccharomyces cerevisiae under environmentally relevant conditions [J]. Journal of Environmental Radioactivity, 2017, 167: 92-99.

[37] ROBALDS A,NAJA G M,KLAVINS M. Highlighting inconsistencies regarding metal biosorption [J]. Journal of Hazardous Materials,2016,304: 553-556.

[38] SOHBATZADEH H,KESHTKAR A R, SAFDARI J, et al. Insights into the biosorption mechanisms of U(Ⅵ) by chitosan bead containing bacterial cells: A supplementary approach using desorption eluents, chemical pretreatment and PIXE-RBS analyses [J]. Chemical Engineering Journal,2017,323: 492-501.

[39] DA'NA E. Adsorption of heavy metals on functionalized-mesoporous silica: A review [J]. Microporous and Mesoporous Materials,2017,145: 145-157.

[40] LIU J,FENG X, FRYXELL G E, et al. Hybrid mesoporous materials with functionalized monolayers [J]. Advanced Materials,2015,10(2): 161-165.

[41] AND L M,PINNAVAIA T J. Heavy metal ion adsorbents formed by the grafting of a thiol functionality to mesoporous silica molecular sieves: Factors affecting Hg(Ⅱ) uptake [J]. Environmental Science & Technology, 1998, 32 (18): 2749-2754.

[42] ALOTHMAN Z A. A review: Fundamental aspects of silicate mesoporous materials [J]. Materials,2012,5(12): 2874-2902.

[43] DOLATYARI L,YAFTIAN M R,ROSTAMNIA S. Removal of uranium(Ⅵ) ions from aqueous solutions using Schiff base functionalized SBA-15 mesoporous silica materials [J]. Journal of Environmental Management,2016,169: 8-17.

[44] WANG B,ZHOU Y, LI L, et al. Preparation of amidoxime-functionalized mesoporous silica nanospheres (ami-MSN) from coal fly ash for the removal of U(Ⅵ) [J]. Science of the Total Environment,2018,626: 219-227.

[45] YANG S,QIAN J,KUANG L,et al. Ion-imprinted mesoporous silica for selective

removal of uranium from highly acidic and radioactive effluent [J]. ACS Applied Materials & Interfaces,2017,9(34): 29337-29344.

[46] GAO J K,HOU L A,ZHANG G H,et al. Facile functionalized of SBA-15 via a biomimetic coating and its application in efficient removal of uranium ions from aqueous solution [J]. Journal of Hazardous Materials,2015,286: 325-333.

[47] HUYNH J,PALACIO R,SAFIZADEH F,et al. Adsorption of uranium over $NH_2$-functionalized ordered silica in aqueous solutions [J]. ACS Applied Materials & Interfaces,2017,9(18): 15672-15684.

[48] XUE G,FENG Y,LI M,et al. Phosphoryl functionalized mesoporous silica for uranium adsorption [J]. Applied Surface Science,2017,402: 53-60.

[49] XIAO J,JING Y,YAO Y,et al. Synthesis of amine-functionalized MCM-41 and its highly efficient sorption of U(Ⅵ) [J]. Journal of Radioanalytical and Nuclear Chemistry,2016,310(3): 1-11.

[50] LI D,EGODAWATTE S N,KAPLAN D I,et al. Sequestration of U(Ⅵ) from acidic,alkaline and high ion-strength aqueous media by functionalized magnetic mesoporous silica nanoparticles: Capacity and binding mechanisms [J]. Environmental Science & Technology,2017,51(24): 14330-14341.

[51] CARBONI M,ABNEY C W,LIU S,et al. Highly porous and stable metal-organic frameworks for uranium extraction [J]. Chemical Science, 2013, 4(6): 2396-2402.

[52] CAVKA J H,JAKOBSEN S,OLSBYE U,et al. A new zirconium inorganic building brick forming metal organic frameworks with exceptional stability [J]. Journal of American Chemical Society,2008,130(42): 13850-13851.

[53] 韩易潼,刘民,李克艳,等.高稳定性金属有机骨架 UiO-66 的合成与应用[J].应用化学,2016,33(4): 367-378.

[54] MIN X,YANG W,HUI Y F,et al. $Fe_3O_4$ @ ZIF-8: A magnetic nanocomposite for highly efficient $UO_2^{2+}$ adsorption and selective $UO_2^{2+}$/$Ln^{3+}$ separation [J]. Chemical Communications,2017,53(30): 4199-4202.

[55] YANG W,BAI Z Q,SHI W Q,et al. MOF-76: From a luminescent probe to highly efficient U(Ⅵ) sorption material [J]. Chemical Communications,2013, 49(88): 10415-10417.

[56] 李兴亮,宋强,刘碧君,等.炭材料对铀的吸附[J].化学进展,2011,23(7): 1446-1453.

[57] TIAN G,GENG J,JIN Y,et al. Sorption of uranium(Ⅵ) using oxime-grafted ordered mesoporous carbon CMK-5 [J]. Journal of Hazardous Materials,2011, 190(1): 442-450.

[58] NIE B W,ZHANG Z B,CAO X H,et al. Sorption study of uranium from aqueous solution on ordered mesoporous carbon CMK-3 [J]. Journal of Radioanalytical

and Nuclear Chemistry,2013,295(1): 663-670.

[59] HUSNAIN S M,KIM H J,UM W,et al. Superparamagnetic adsorbent based on phosphonate grafted mesoporous carbon for uranium removal [J]. Industrial & Engineering Chemistry Research,2017,56(35): 9821-9830.

[60] SCHIERZ A,ZÄNKER H. Aqueous suspensions of carbon nanotubes: Surface oxidation,colloidal stability and uranium sorption [J]. Environmental Pollution, 2009,157(4): 1088-1094.

[61] WANG Y, GU Z, YANG J, et al. Amidoxime-grafted multiwalled carbon nanotubes by plasma techniques for efficient removal of uranium (Ⅵ) [J]. Applied Surface Science,2014,320: 10-20.

[62] SONG Y,YE G,LU Y,et al. Surface-initiated ARGET ATRP of poly (glycidyl methacrylate) from carbon nanotubes via bioinspired catechol chemistry for efficient adsorption of uranium ions [J]. ACS Macro Letters,2016,5 (3): 382-386.

[63] MISHRA S,DWIVEDI J,KUMAR A,et al. The synthesis and characterization of tributyl phosphate grafted carbon nanotubes by the floating catalytic chemical vapor deposition method and their sorption behavior towards uranium [J]. New Journal of Chemistry,2016,40(2): 1213-1221.

[64] ZHU Y,MURALI S,CAI W, et al. Graphene and graphene oxide: Synthesis, properties,and applications [J]. Advanced Materials,2010,22(35): 3906-3924.

[65] 周丽,邓慧萍,万俊力,等.石墨烯基铁氧化物磁性材料的制备及在水处理中的吸附性能[J].化学进展,2013,25(1): 145-155.

[66] STOLLER M D,PARK S,ZHU Y,et al. Graphene-based ultracapacitors [J]. Nano Letters,2008,8(10): 3498-3502.

[67] ZHAO G,WEN T, YANG X, et al. Preconcentration of U (Ⅵ) ions on few-layered graphene oxide nanosheets from aqueous solutions [J]. Dalton Trans, 2012,41(20): 6182-6188.

[68] LI Z,CHEN F, YUAN L, et al. Uranium (Ⅵ) adsorption on graphene oxide nanosheets from aqueous solutions [J]. Chemical Engineering Journal, 2012, 210(6): 539-546.

[69] WANG X,LI R, LIU J,et al. Melamine modified graphene hydrogels for the removal of uranium(Ⅵ) from aqueous solution [J]. New Journal of Chemistry, 2017,41: 10899-10907.

[70] EL-MAGHRABI H H, ABDELMAGED S M, NADA A A, et al. Magnetic graphene based nanocomposite for uranium scavenging [J]. Journal of Hazardous Materials,2016,322: 370-379.

[71] YANG P,LIU Q, LIU J, et al. Interfacial growth of metal organic framework (UiO-66) on the functionalization of graphene oxide (GO) as a suitable seawater

adsorbent for extraction of uranium(Ⅵ) [J]. Journal of Materials Chemistry A, 2017,5(34): 17922-17942.

[72] VERMA S, DUTTA R K, VERMA S, et al. Development of cysteine amide reduced graphene oxide (CARGO) nano-adsorbent for enhanced uranyl ion adsorption from the aqueous medium [J]. Journal of Environmental Chemical Engineering,2017,5(5): 4547-4558.

[73] HUANG Z, LI Z, ZHENG L, et al. Interaction mechanism of uranium(Ⅵ) with three-dimensional graphene oxide-chitosan composite: Insights from batch experiments, IR, XPS, and EXAFS spectroscopy [J]. Chemical Engineering Journal,2017,328: 1066-1074.

[74] ZHANG Z B, QIU Y F, DAI Y, et al. Synthesis and application of sulfonated graphene oxide for the adsorption of uranium(Ⅵ) from aqueous solutions [J]. Journal of Radioanalytical and Nuclear Chemistry,2016,310(2): 1-11.

[75] WANG F, LI H, LIU Q, et al. A graphene oxide/amidoxime hydrogel for enhanced uranium capture [J]. Scientific Reports-UK,2016,6: 19367-19374.

[76] WANG X, LIU Q, LIU J, et al. 3D self-assembly polyethyleneimine modified graphene oxide hydrogel for the extraction of uranium from aqueous solution [J]. Applied Surface Science,2017,426: 1063-1074.

[77] SONG W, WANG X, WANG Q, et al. Plasma-induced grafting of polyacrylamide on graphene oxide nanosheets for simultaneous removal of radionuclides [J]. Physical Chemistry Chemical Physics,2015,17,398-406.

[78] CHEN M, ZHENG L, LI J, et al. The extraction of uranium using graphene aerogel loading organic solution [J]. Talanta,2017,166: 284-291.

[79] XU X, RAY R, GU Y, et al. Electrophoretic analysis and purification of fluorescent single-walled carbon nanotube fragments [J]. Journal of American Chemical Society,2004,126(40): 12736-12737.

[80] SUN Y P, YI L. Quantum-sized carbon dots for bright and colorful photoluminescence [J]. Journal of American Chemical Society,2006,128 (24): 7756-7757.

[81] NAMDARI P, NEGAHDARI B, EATEMADI A. Synthesis, properties and biomedical applications of carbon-based quantum dots: An updated review [J]. Biomedicine & Pharmacotherapy,2017,87: 209-222.

[82] ZHU S J, SONG Y B, ZHAO X H, et al. The photoluminescence mechanism in carbon dots (graphene quantum dots, carbon nanodots, and polymer dots): Current state and future perspective [J]. Nano Research,2015,8(2): 355-381.

[83] TAN X, LI Y, LI X, et al. Electrochemical synthesis of small-sized red fluorescent graphene quantum dots as a bioimaging platform [J]. Chemical Communications, 2015,51,2544-2546.

［84］ BAKER S N,BAKER G A. Luminescent carbon nanodots：Emergent nanolights ［J］. Angewandte Chemie-International Edition,2010,49,6726-6744.

［85］ LIM S Y,SHEN W,GAO Z. Carbon quantum dots and their applications ［J］. Chemical Society Reviews,2015,44,362-381.

［86］ ZHU S,MENG Q, WANG L,et al. Highly photoluminescent carbon dots for multicolor patterning, sensors, and bioimaging ［J］. Angewandte Chemie-International Edition,2013,52(14)：3953-3957.

［87］ WU Z L,ZHANG P,GAO M X,et al. One-pot hydrothermal synthesis of highly luminescent nitrogen-doped amphoteric carbon dots for bioimaging from Bombyx mori silk-natural proteins ［J］. Journal of Materials Chemistry B,2013,1(22)：2868-2873.

［88］ WU Z L,GAO M X, WANG T T,et al. A general quantitative pH sensor developed with dicyandiamide N-doped high quantum yield graphene quantum dots ［J］. Nanoscale,2014,6(7)：3868-3874.

［89］ WU Z L,LIU Z X, YUAN Y H. Carbon dots：Materials,synthesis,properties and approaches to long-wavelength and multicolor emission ［J］. Journal of Materials Chemistry B,2017,5：3794-3809.

［90］ QU D,ZHENG M, DU P, et al. Highly luminescent S, N co-doped graphene quantum dots with broad visible absorption bands for visible light photocatalysts ［J］. Nanoscale,2013,5(24)：12272-12277.

［91］ GUO Y,WANG Z,SHAO H,et al. Hydrothermal synthesis of highly fluorescent carbon nanoparticles from sodium citrate and their use for the detection of mercury ions ［J］. Carbon,2013,52(2)：583-589.

［92］ SUN X,BRÜCKNER C,LEI Y. One-pot and ultrafast synthesis of nitrogen and phosphorus co-doped carbon dots possessing bright dual wavelength fluorescence emission ［J］. Nanoscale,2015,7(41)：17278-17282.

［93］ DONG Y,PANG H,YANG H B,et al. Carbon-based dots co-doped with nitrogen and sulfur for high quantum yield and excitation-independent emission ［J］. Angewandte Chemie-International Edition,2013,52(30)：7800-7804.

［94］ YUAN Y H,LIU Z X,LI R S,et al. Synthesis of nitrogen-doping carbon dots with different photoluminescence properties by controlling the surface states ［J］. Nanoscale,2016,8(12)：6770-6776.

［95］ YANG Y,CUI J,ZHENG M,et al. One-step synthesis of amino-functionalized fluorescent carbon nanoparticles by hydrothermal carbonization of chitosan ［J］. Chemical Communications,2012,48(3)：380-382.

［96］ SCHNEIDER J,RECKMEIER C J,YUAN X,et al. Molecular fluorescence in citric acid based carbon dots ［J］. Journal of Physical Chemistry C,2017,121(3)：2014-2022.

[97]　ZHENG H,WANG Q,LONG Y,et al. Enhancing the luminescence of carbon dots with a reduction pathway [J]. Chemical Communications, 2011, 47: 10650-10652.

[98]　SHEN L, ZHANG L, CHEN M, et al. The production of pH-sensitive photoluminescent carbon nanoparticles by the carbonization of polyethylenimine and their use for bioimaging [J]. Carbon,2013,55(2): 343-349.

[99]　WANG C, XU Z, CHENG H, et al. A hydrothermal route to water-stable luminescent carbon dots as nanosensors for pH and temperature [J]. Carbon, 2015,82: 87-95.

[100]　SHI W,LI X,MA H. A tunable ratiometric pH sensor based on carbon nanodots for the quantitative measurement of the intracellular pH of whole cells [J]. Angewandte Chemie-International Edition,2012,51(26): 6432-6435.

[101]　LIU X,YANG C,ZHENG B,et al. Green anhydrous synthesis of hydrophilic carbon dots on large-scale and their application for broad fluorescent pH sensing [J]. Sensors and Actuators B Chemical,2018,255: 572-579.

[102]　SUN Y P, YI L. Quantum-sized carbon dots for bright and colorful photoluminescence [J]. Journal of American Chemical Society,2006,128 (24): 7756-7757.

[103]　BAO L,ZHANG Z L,TIAN Z Q,et al. Electrochemical tuning of luminescent carbon nanodots: From preparation to luminescence mechanism [J]. Advanced Materials,2011,23(48): 5801-5806.

[104]　NIE H,LI M,LI Q,et al. Carbon dots with continuously tunable full-color emission and their application in ratiometric pH sensing [J]. Chemistry of Materials,2012,26(10): 3104-3112.

[105]　LI H,HE X,KANG Z,et al. Water-soluble fluorescent carbon quantum dots and photocatalyst design [J]. Angewandte Chemie-International Edition, 2010, 49(26): 4430-4434.

[106]　YANG S,SUN J,HE P,et al. Selenium doped graphene quantum dots as an ultrasensitive redox fluorescent switch [J]. Chemistry of Materials,2015,27(6): 954-961.

[107]　ZHU S,ZHANG J,QIAO C,et al. Strongly green-photoluminescent graphene quantum dots for bioimaging applications [J]. Chemical Communications,2011, 47,6858-6860.

[108]　ZHENG L,CHI Y,DONG Y,et al. Electrochemiluminescence of water-soluble carbon nanocrystals released electrochemically from graphite [J]. Journal of American Chemical Society,2009,131(13): 4564-4565.

[109]　QIAO Z A,WANG Y,GAO Y,et al. Commercially activated carbon as the source for producing multicolor photoluminescent carbon dots by chemical

oxidation [J]. Chemical Communications,2010,46: 8812-8814.

[110] LIU H,YE T,Mao C. Fluorescent carbon nanoparticles derived from candle soot [J]. Angewandte Chemie-International Edition,2007,46(34): 6473-6475.

[111] LIU S,TIAN J,WANG L,et al. Hydrothermal treatment of grass: A low-cost, green route to nitrogen-doped, carbon-rich, photoluminescent polymer nanodots as an effective fluorescent sensing platform for label-free detection of Cu( Ⅱ ) ions [J]. Advanced Materials,2012,24(15): 2037-2041.

[112] SAHU S,BEHERA B,MAITI T K,et al. Simple one-step synthesis of highly luminescent carbon dots from orange juice: Application as excellent bio-imaging agents [J]. Chemical Communications,2012,48: 8835-8837.

[113] WEI J,LIU B,YIN P. Dual functional carbonaceous nanodots exist in a cup of tea [J]. RSC Advances,2014,4(108): 63414-63419.

[114] WANG J,WANG C F,CHEN S. Amphiphilic egg-derived carbon dots: Rapid plasma fabrication, pyrolysis process, and multicolor printing patterns [J]. Angewandte Chemie-International Edition,2012,124(37): 9431-9435.

[115] LU W B,QIN X Y, LIU S, et al. Economical, green synthesis of fluorescent carbon nanoparticles and their use as probes for sensitive and selective detection of mercury( Ⅱ ) ions [J]. Analytical Chemistry,2012,84(12): 5351-5357.

[116] YIN B,DENG J,PENG X,et al. Green synthesis of carbon dots with down- and up-conversion fluorescent properties for sensitive detection of hypochlorite with a dual-readout assay[J]. Analyst,2013,138(21): 6551-6557.

[117] ZHAO S,LAN M,ZHU X,et al. Green synthesis of bifunctional fluorescent carbon dots from garlic for cellular imaging and free radical scavenging [J]. ACS Applied Materials & Interfaces,2015,7(31): 17054-17060.

[118] XU J,SAHU S,CAO L,et al. Carbon nanoparticles as chromophores for photon harvesting and photoconversion [J]. Chemphyschem,2011,12: 3604-3608.

[119] ZHOU J, BOOKER C, LI R, et al. An electrochemical avenue to blue luminescent nanocrystals from multiwalled carbon nanotubes (MWCNTs) [J]. Journal of American Chemical Society,2007,129(4): 744-745.

[120] LU J,YANG J X, WANG J, et al. One-pot synthesis of fluorescent carbon nanoribbons,nanoparticles,and graphene by the exfoliation of graphite in ionic liquids [J]. ACS Nano,2009,3(8): 2367-2375.

[121] MIAO X,QU D,YANG D, et al. Synthesis of carbon dots with multiple color emission by controlled graphitization and surface functionalization [J]. Advanced Materials,2018,30: 1704740-1704747.

[122] LIU Y, ZHANG T, WANG R, et al. A facile and universal strategy for preparation of long wavelength emission carbon dots [J]. Dalton Transactions, 2017,46: 16905-16910.

[123] JIANG K,SUN S,ZHANG L,et al. Red,green,and blue luminescence by carbon dots: Full-color emission tuning and multicolor cellular imaging [J]. Angewandte Chemie-International Edition,2015,54: 5360-5363.

[124] DING H,YU S B,WEI J S,et al. Full-color light-emitting carbon dots with a surface-state-controlled luminescence mechanism [J]. ACS Nano,2016,10 (1): 484-491.

[125] ZHU H,YANG X. Microwave synthesis of fluorescent carbon nanoparticles with electrochemiluminescence properties [J]. Chemical Communications,2009, 34: 5118-5120.

[126] FANG Y,GUO S,LI D,et al. Easy synthesis and imaging applications of cross-linked green fluorescent hollow carbon nanoparticles [J]. ACS Nano, 2012, 6(1): 400-409.

[127] BHUNIA S K, SAHA A, MAITY A R, et al. Carbon nanoparticle-based fluorescent bioimaging probes [J]. Scientific Reports-UK, 2013, 3 (3): 1473-1480.

[128] LI C X, YU C, WANG C F, et al. Facile plasma-induced fabrication of fluorescent carbon dots toward high-performance white LEDs [J]. Journal of Materials Science,2013,48(18): 6307-6311.

[129] HUANG X, LI Y, ZHONG X, et al. Fast Microplasma synthesis of blue luminescent carbon quantum dots at ambient conditions [J]. Plasma Processes and Polymers,2015,12(1): 59-65.

[130] CUI X,ZHU L,WU J, et al. A fluorescent biosensor based on carbon dots-labeled oligodeoxyribonucleotide and graphene oxide for mercury ( Ⅱ ) detection [J]. Biosens Bioelectron,2015,63: 506-512.

[131] COSTASMORA I, ROMERO V, LAVILLA I, et al. In situ building of a nanoprobe based on fluorescent carbon dots for methylmercury detection [J]. Analytical Chemistry,2014,86(9): 4536-4543.

[132] ZHOU L,LIN Y,HUANG Z,et al. Carbon nanodots as fluorescence probes for rapid, sensitive, and label-free detection of $Hg^{2+}$ and biothiols in complex matrices [J]. Chemical Communications,2012,48(8): 1147-1149.

[133] DONG Y,WANG R,LI H,et al. Polyamine-functionalized carbon quantum dots for chemical sensing [J]. Carbon,2012,50(8): 2810-2815.

[134] LI H,ZHAI J,TIAN J, et al. Carbon nanoparticle for highly sensitive and selective fluorescent detection of mercury( Ⅱ ) ion in aqueous solution [J]. Biosens Bioelectron,2011,26(12): 4656-4660.

[135] WANG X,ZHANG J,ZOU W,et al. Facile synthesis of polyaniline/carbon dot nanocomposites and their application as a fluorescent probe to detect mercury [J]. RSC Advances,2015,5(52): 41914-41919.

［136］ XU Q,PU P,ZHAO J,et al. Preparation of highly photoluminescent sulfur-doped carbon dots for Fe(Ⅲ) detection [J]. Journal of Materials Chemistry A, 2014,3(2): 542-546.

［137］ TAN C,SU X, ZHOU C,et al. Acid-assisted hydrothermal synthesis of red fluorescent carbon dots for sensitive detection of Fe(Ⅲ) [J]. RSC Advances, 2017,7(65): 40952-40956.

［138］ DAI G,WANG J,ZHAO Y,et al. Dual-Mode High-sensitive detection of Fe(Ⅲ) ions via fluorescent photonic crystal films based on co-assembly of silica colloids and carbon dots [J]. Science of Advanced Materials,2017,9(6): 873-880.

［139］ SUN C,ZHANG Y,WANG P,et al. Synthesis of nitrogen and sulfur co-dopped carbon dots from garlic for selective detection of $Fe^{3+}$ [J]. Nanoscale Research Letters,2016,11(1): 110-119.

［140］ LAI T,ZHENG E,CHEN L,et al. Hybrid carbon source for producing nitrogen-doped polymer nanodots: One-pot hydrothermal synthesis, fluorescence enhancement and highly selective detection of Fe(Ⅲ) [J]. Nanoscale,2013, 5(17): 8015-8021.

［141］ TAN C,SU X, ZHOU C,et al. Acid-assisted hydrothermal synthesis of red fluorescent carbon dots for sensitive detection of Fe(Ⅲ) [J]. RSC Advances, 2017,7(65): 40952-40956.

［142］ ZHU X,ZHANG Z,XUE Z,et al. Understanding the selective detection of $Fe^{3+}$ based on graphene quantum dots as fluorescent probes: The $K_{sp}$ of a metal hydroxide-assisted mechanism [J]. Analytical Chemistry, 2017, 89 (22): 12054-12058.

［143］ MA X,DONG Y, SUN H,et al. Highly fluorescent carbon dots from peanut shells as potential probes for copper ion: The optimization and analysis of the synthetic process [J]. Materials Today Chemistry,2017,5: 1-10.

［144］ SHAHAMIRIFARD S R, GHAEDI M, MONTAZEROZOHORI M,et al. Carbon dots as absorbance promoter probes for detection of Cu(Ⅱ) ions in aqueous solution: Central composite design approach [J]. Photochemistry and Photobiology,2018,17: 245-255.

［145］ JIAN W,RONG S L, HONG Z Z,et al. Highly fluorescent carbon dots as selective and visual probes for sensing copper ions in living cells via an electron transfer process [J]. Biosens Bioelectron,2017,97: 157-163.

［146］ SHEN J,SHANG S,CHEN X,et al. Highly fluorescent N,S-co-doped carbon dots and their potential applications as antioxidants and sensitive probes for Cr (Ⅵ) detection [J]. Sensors and Actuators B Chemical,2017,248: 92-100.

［147］ LIU X,LI T,WU Q,et al. Carbon nanodots as a fluorescence sensor for rapid and sensitive detection of Cr(Ⅵ) and their multifunctional applications [J].

Talanta,2017,165: 216-222.

[148] ZHONG Y,LI J,JIAO Y,et al. One-step synthesis of orange luminescent carbon dots for $Ag^+$ sensing and cell imaging [J]. Journal of Luminescence,2017,190: 188-193.

[149] LI J,ZUO G,PAN X,et al. Nitrogen-doped carbon dots as a fluorescent probe for the highly sensitive detection of $Ag^+$ and cell imaging [J]. Luminescence, 2018,33: 243-248.

[150] ZUO G,XIE A,LI J,et al. Large emission red-shift of carbon dots by fluorine doping and their applications for red cell imaging and sensitive intracellular $Ag^+$ detection [J]. Journal of Physical Chemistry C,2017,121(47): 26558-26565.

[151] KUMAR A,CHOWDHURI A R,LAHA D,et al. Green synthesis of carbon dots from ocimum sanctum for effective fluorescent sensing of $Pb^{2+}$ ions and live cell imaging [J]. Sensors and Actuators B Chemical,2017,242: 679-686.

[152] WANG Z X,YU X H,LI F,et al. Preparation of boron-doped carbon dots for fluorometric determination of Pb(Ⅱ),Cu(Ⅱ) and pyrophosphate ions [J]. Microchimica Acta,2017(7): 1-9.

[153] LI L,LIU D,SHI A,et al. Simultaneous stripping determination of cadmium and lead ions based on the n-doped carbon quantum dots-graphene oxide hybrid [J]. Sensors and Actuators B Chemical,2018,255: 1762-1770.

[154] CAI F,LIU X,LIU S,et al. A simple one-pot synthesis of highly fluorescent nitrogen-doped graphene quantum dots for the detection of Cr(Ⅵ) in aqueous media [J]. RSC Advances,2014,4(94): 52016-52022.

[155] ZHENG M,XIE Z,QU D,et al. On-off-on fluorescent carbon dot nanosensor for recognition of chromium(Ⅵ) and ascorbic acid based on the inner filter effect [J]. ACS Applied Materials & Interfaces,2013,5(24): 13242-13247.

[156] LIU Y,HU J,LI Y,et al. Synthesis of polyethyleneimine capped carbon dots for preconcentration and slurry sampling analysis of trace chromium in environmental water samples [J]. Talanta,2015,134: 16-23.

[157] GAO X,LU Y,ZHANG R,et al. One-pot synthesis of carbon nanodots for fluorescence turn-on detection of $Ag^+$ based on the $Ag^+$-induced enhancement of fluorescence [J]. Journal of Materials Chemistry C,2015,3(10): 2302-2309.

[158] ZHANG F,WEN Q,HONG M,et al. Efficient and sustainable metal-free GR/ $C_3N_4$/C-dots ternary heterostructrues for versatile visible-light-driven photoredox applications: Toward synergistic interaction of carbon materials [J]. Chemical Engineering Journal,2016,307: 593-603.

[159] HAN X,HAN Y,HUANG H,et al. Synthesis of carbon quantum dots/$SiO_2$ porous nanocomposites and their catalytic ability for photo-enhanced hydrocarbon selective oxidation [J]. Dalton Transactions, 2013, 42 (29):

10380-10383.

[160] WANG Y,WANG F,FENG Y,et al. Facile synthesis of carbon quantum dots loaded with mesoporous g-$C_3N_4$ for synergistic absorption and visible light photodegradation of fluoroquinolone antibiotics [J]. Dalton Transactions,2018, 47: 1284-1293.

[161] LIU R,LI H,DUAN L,et al. In situ synthesis and enhanced visible light photocatalytic activity of C-$TiO_2$ microspheres/carbon quantum dots [J]. Ceramics International,2017,43: 8648-8654.

[162] CHENG L,LI Y,ZHAI X,et al. Polycation-b-polyzwitterion copolymer grafted luminescent carbon dots as a multifunctional platform for serum-resistant gene delivery and bioimaging [J]. ACS Applied Materials & Interfaces,2014,6(22): 20487-20497.

[163] KONG B,TANG J,ZHANG Y,et al. Incorporation of well-dispersed sub-5-nm graphitic pencil nanodots into ordered mesoporous frameworks [J]. Nature Chemistry,2016,8(2): 171-178.

[164] MATAI I,SACHDEV A,GOPINATH P. Self-assembled hybrids of fluorescent carbon dots and pamam dendrimers for epirubicin delivery and intracellular imaging [J]. ACS Applied Materials & Interfaces,2015,7(21): 11423-11435.

[165] GUO Z,ZHU Z,ZHANG X,et al. Facile synthesis of blue-emitting carbon dots @mesoporous silica composite spheres [J]. Solid State Sciences, 2017, 76: 100-104.

[166] MA Y,XU G,WEI F,et al. A dual-emissive fluorescent sensor fabricated by encapsulating quantum dots and carbon dots into metal-organic frameworks for the ratiometric detection of $Cu^{2+}$ in tap water [J]. Journal of Materials Chemistry C,2017,5: 8566-8571.

[167] CAMPOS B B,OLIVA M M,CONTRERASCÁCERES R,et al. Carbon dots on based folic acid coated with PAMAM dendrimer as platform for Pt(Ⅳ) detection [J]. Journal of Colloid and Interface Science,2016,465: 165-173.

[168] LI D Y,ZHANG X M,YAN Y J,et al. Thermo-sensitive imprinted polymer embedded carbon dots using epitope approach [J]. Biosens Bioelectron,2015,79: 187-192.

[169] QIAO Z A,HUO Q,CHI M,et al. A ship-in-a-bottle approach to synthesis of polymer dots @ silica or polymer dots @ carbon core-shell nanospheres [J]. Advanced Materials,2012,24(45): 6017-6021.

[170] LIU F,ZHANG W,CHEN W,et al. One-pot synthesis of $NiFe_2O_4$ integrated with EDTA-derived carbon dots for enhanced removal of tetracycline [J]. Chemical Engineering Journal,2017,310: 187-196.

[171] WANG J,ZHANG W,YUE X,et al. One-pot synthesis of multifunctional

magnetic ferrite-MoS$_2$-carbon dots nanohybrid adsorbent for efficient Pb（Ⅱ）removal [J]. Journal of Materials Chemistry A,2016,4(10): 3893-3900.

[172] LI Y K,YANG T,CHEN M L,et al. Supported carbon dots serve as high-performance adsorbent for the retention of trace cadmium [J]. Talanta,2018,180: 18-24.

[173] GOGOI N,BAROOAH M,MAJUMDAR G,et al. Carbon dots rooted agarose hydrogel hybrid platform for optical detection and separation of heavy metal ions [J]. ACS Applied Materials & Interfaces,2015,7(5): 3058-3067.

[174] BRUGGEMAN P,LEYS C. Non-thermal plasmas in and in contact with liquids [J]. Journal of Physics D-Applied Physics,2009,42(5): 53001-53028.

[175] PETROVIĆ Z L. Plasma-liquid interactions: A review and roadmap [J]. Plasma Sources Science & Technology,2016,25(5): 53002-53061.

[176] SAMUKAWA S,HORI M,RAUF S,et al. The 2012 Plasma Roadmap [J]. Journal of Physics D-Applied Physics,2012,45(25): 253001-253038.

[177] RUMBACH P,WITZKE M,SANKARAN R M,et al. Decoupling interfacial reactions between plasmas and liquids: Charge transfer vs plasma neutral reactions [J]. Journal of American Chemical Society,2013,135（44）: 16264-16267.

[178] CHANG F,RICHMONDS C,SANKARAN R M. Microplasma-assisted growth of colloidal Ag nanoparticles for point-of-use surface-enhanced Raman scattering applications [J]. Journal of Vacuum Science & Technology A,2010,28（4）: L5-L8.

[179] RICHMONDS C,WITZKE M,BARTLING B,et al. Electron-transfer reactions at the plasma-liquid interface [J]. Journal of American Chemical Society,2011,133(44): 17582-17585.

[180] KONDETI V S K,GANGAL U,YATOM S,et al. Ag$^+$ reduction and silver nanoparticle synthesis at the plasma-liquid interface by an Rf driven atmospheric pressure plasma jet: Mechanisms and the effect of surfactant [J]. Journal of Vacuum Science & Technology A,2017,35(6): 61302-61313.

[181] SHIRAI N,YOSHIDA T,UCHIDA S,et al. Synthesis of magnetic nanoparticles by atmospheric-pressure glow discharge plasma-assisted electrolysis [J]. Japanese Journal of Applied Physics,2017,56(7): 76201-76208.

[182] MAHMOUDABADI Z D, ESLAMI E. Synthesis of TiO$_2$ nanotubes by atmospheric microplasma electrochemistry: Fabrication, characterization and TiO$_2$ oxide film properties [J]. Electrochimica Acta,2017,245: 715-723.

[183] LIU J,CHEN Q,LI J,et al. Facile synthesis of cuprous oxide nanoparticles by plasma electrochemistry [J]. Journal of Physics D-Applied Physics,2016,49(27): 275201-275207.

[184] YAN T, ZHONG X, RIDER A E, et al. Microplasma-chemical synthesis and tunable real-time plasmonic responses of alloyed $Au_x Ag_{1-x}$ nanoparticles [J]. Chemical Communications, 2014, 50(24): 3144-3147.

[185] LU Y, REN Z, YUAN H, et al. Atmospheric-pressure microplasma as anode for rapid and simple electrochemical deposition of copper and cuprous oxide nanostructures [J]. RSC Advances, 2015, 5(77): 62619-62623.

[186] RICHMONDS C, SANKARAN R M. Plasma-liquid electrochemistry: Rapid synthesis of colloidal metal nanoparticles by microplasma reduction of aqueous cations [J]. Applied Physics Letters, 2008, 93(13): 131501-131504.

[187] KORTSHAGEN U R, SANKARAN R M, RUI N P, et al. Nonthermal plasma synthesis of nanocrystals: Fundamental principles, materials, and applications [J]. Chemical Reviews, 2016, 116(18): 11061-11127.

[188] KORTSHAGEN U. Nonthermal plasma synthesis of nanocrystals: Fundamentals, applications, and future research needs [J]. Plasma Chemistry and Plasma Processing, 2016, 36(1): 73-84.

[189] LIU J, HE B, CHEN Q, et al. Direct synthesis of hydrogen peroxide from plasma-water interactions [J]. Scientific Reports-UK, 2016, 6: 38454-38460.

[190] RUMBACH P, XU R, GO D B. Electrochemical production of oxalate and formate from $CO_2$ by solvated electrons produced using an atmospheric-pressure plasma [J]. Journal of The Electrochemical Society, 2016, 163 (10): F1157-F1161.

[191] MOORE D W, HAPPE J A. The proton magnetic resonance spectra of some metal vinyl compounds [J]. Journal of Physical Chemistry, 1961, 65 (2): 224-229.

[192] DHAMI S, MELLO A J D, RUMBLES G, et al. Phthalocyanine fluorescence at high concentration: Dimers or reabsorption effect [J]. Photochemistry and Photobiology, 1995, 61(4): 341-346.

[193] HUANG H, LI C, ZHU S, et al. Histidine-derived nontoxic nitrogen-doped carbon dots for sensing and bioimaging applications [J]. Langmuir, 2014, 30(45): 13542-13548.

[194] IQBAL A, TIAN Y, WANG X, et al. Carbon dots prepared by solid state method via citric acid and 1, 10-phenanthroline for selective and sensing detection of $Fe^{2+}$ and $Fe^{3+}$ [J]. Sensors and Actuators B Chemical, 2016, 237: 408-415.

[195] WANG C, XU Z, CHENG H, et al. A hydrothermal route to water-stable luminescent carbon dots as nanosensors for pH and temperature [J]. Carbon, 2015, 82: 87-95.

[196] ZU F, YAN F, BAI Z, et al. The quenching of the fluorescence of carbon dots: A review on mechanisms and applications [J]. Microchimica Acta, 2017, 184(7):

1899-1914.

[197] ZABISZAK M,NOWAK M,TARAS-GOSLINSKA K,et al. Carboxyl groups of citric acid in the process of complex formation with bivalent and trivalent metal ions in biological systems [J]. Journal of Inorganic Biochemistry,2018,182: 37-47.

[198] ABDELKARIM A T,EL-SHERIF A A. Potentiometric,thermodynamics and coordination properties for binary and mixed ligand complexes of copper(Ⅱ) with imidazole-4-acetic acid and tryptophan or phenylalanine aromatic amino acids [J]. Journal of Solution Chemistry,2016,45(5): 712-731.

[199] DUSTER T A,SZYMANOWSKI J E S,NA C,et al. Surface complexation modeling of proton and metal sorption onto graphene oxide [J]. Colloid Surface A,2015,466(466): 28-39.

[200] XIE Y,HELVENSTON E M,SHULLERNICKLES L C,et al. Surface complexation modeling of Eu(Ⅲ) and u(vi) interactions with graphene oxide [J]. Environmental Science & Technology,2016,50(4): 1821-1827.

[201] FULDA B,VOEGELIN A,MAURER F,et al. Copper redox transformation and complexation by reduced and oxidized soil humic acid. 2. Potentiometric titrations and dialysis cell experiments [J]. Environmental Science & Technology,2013,47(19): 10903-10911.

[202] ALVES L A,DE CASTRO A H,DE MENDONCA F G,et al. Characterization of acid functional groups of carbon dots by nonlinear regression data fitting of potentiometric titration curves [J]. Applied Surface Science, 2016, 370: 486-495.

[203] FANG B Y,LI C,SONG Y Y,et al. Nitrogen-doped graphene quantum dot for direct fluorescence detection of $Al^{3+}$ in aqueous media and living cells [J]. Biosens Bioelectron,2018,100: 41-48.

[204] REN Z,LU Y,YUAN H,et al. Charge-transfer reactions at the interface between atmospheric-pressure microplasma anode and ionic solution [J]. Acta Physico-Chimica Sinica,2015,31(7): 1215-1218.

[205] QU D,ZHENG M,ZHANG L,et al. Formation mechanism and optimization of highly luminescent N-doped graphene quantum dots [J]. Scientific Reports-UK, 2014,4: 5294.

[206] YANG Z,XU M,LIU Y,et al. Nitrogen-doped,carbon-rich,highly photoluminescent carbon dots from ammonium citrate [J]. Nanoscale,2014,6(3): 1890-1895.

[207] LIU Y,AI K,LU L. Polydopamine and its derivative materials: Synthesis and promising applications in energy, environmental, and biomedical fields [J]. Chemical Reviews,2014,114(9): 5057-5115.

[208] LEE H,LEE B P,MESSERSMITH P B. A reversible wet/dry adhesive inspired

by mussels and geckos [J]. Nature,2007,448(7151)：338-341.

[209] LEE H,DELLATORE S M, MILLER W M, et al. Mussel-inspired surface chemistry for multifunctional coatings [J]. Science,2007,318(5849)：426-430.

[210] SEVER M J,WEISSER J T,MONAHAN J,et al. Metal-mediated cross-linking in the generation of a marine-mussel adhesive [J]. Angewandte Chemie-International Edition,2004,116(4)：454-456.

[211] YE Q, ZHOU F, LIU W. Bioinspired catecholic chemistry for surface modification [J]. Chemical Society Reviews,2011,40(7)：4244-4258.

[212] NETO A I,CIBRÃO A C, CORREIA C R, et al. Nanostructured polymeric coatings based on chitosan and dopamine-modified hyaluronic acid for biomedical applications [J]. Small,2014,10(12)：2459-2469.

[213] DONG Z,WANG D, LIU X, et al. Bio-inspired surface-functionalization of graphene oxide for the adsorption of organic dyes and heavy metal ions with a superhigh capacity [J]. Journal of Materials Chemistry A, 2014, 2 (14)：5034-5040.

[214] ZHANG X,WANG S, XU L, et al. Biocompatible polydopamine fluorescent organic nanoparticles：Facile preparation and cell imaging [J]. Nanoscale,2012, 4(18)：5581-5584.

[215] NAMÁCHAN H. Highly emissive and biocompatible dopamine-derived oligomers as fluorescent probes for chemical detection and targeted bioimaging [J]. Chemical Communications,2014,50(88)：13578-13580.

[216] YILDIRIM A,BAYINDIR M. Turn-on fluorescent dopamine sensing based on in situ formation of visible light emitting polydopamine nanoparticles [J]. Analytical Chemistry,2014,86(11)：5508-5512.

[217] ZHAO S,SONG X, BU X, et al. Polydopamine dots as an ultrasensitive fluorescent probe switch for Cr (Ⅵ) in vitro [J]. Journal of Applied Polymer Science,2017,134(18)：44784-44793.

[218] LIU B,HAN X,LIU J. Iron oxide nanozyme catalyzed synthesis of fluorescent polydopamine for light-up $Zn^{2+}$ detection [J]. Nanoscale, 2016, 8 (28)：13620-13626.

[219] KONG X, WU S, CHEN T, et al. $MnO_2$-induced synthesis of fluorescent polydopamine nanoparticles for reduced glutathione sensing in human whole blood [J]. Nanoscale,2016,8(34)：15604-15610.

[220] LIN J,YU C,YANG Y,et al. Formation of fluorescent polydopamine dots from hydroxyl radical-induced degradation of polydopamine nanoparticles [J]. Physical Chemistry Chemical Physics,2015,17(23)：15124-15130.

[221] WEI Q,ZHANG F,LI J,et al. Oxidant-induced dopamine polymerization for multifunctional coatings [J]. Polymer Chemistry,2010,1(9)：1430-1433.

[222] DU X, LI L, LI J, et al. UV-triggered dopamine polymerization: Control of polymerization, surface coating, and photopatterning [J]. Advanced Materials, 2014, 26(47): 8029-8033.

[223] ZHANG C, OU Y, LEI W X, et al. $CuSO_4/H_2O_2$-induced rapid deposition of polydopamine coatings with high uniformity and enhanced stability [J]. Angewandte Chemie-International Edition, 2016, 128(9): 3106-3109.

[224] BERNSMANN F, BALL V, ADDIEGO F, et al. Dopamine-melanin film deposition depends on the used oxidant and buffer solution [J]. Langmuir, 2011, 27(6): 2819-2825.

[225] CHEN C, MARTIN-MARTINEZ F J, JUNG G S, et al. Polydopamine and eumelanin molecular structures investigated with ab initio calculations [J]. Chemical science, 2017, 8(2): 1631-1641.

[226] BERNSMANN F, BALL V, ADDIEGO F, et al. Dopamine-melanin film deposition depends on the used oxidant and buffer solution [J]. Langmuir, 2011, 27(6): 2819-2825.

[227] GAO X, DU C, ZHUANG Z, et al. Carbon quantum dot-based nanoprobes for metal ion detection [J]. Journal of Materials Chemistry C, 2016, 4(29): 6927-6945.

[228] INNOCENZI P, MALFATTI L, CARBONI D. Graphene and carbon nanodots in mesoporous materials: An interactive platform for functional applications [J]. Nanoscale, 2015, 7(30): 12759-12772.

[229] ZHANG M, YAO Q, LU C, et al. Layered double hydroxide-carbon dot composite: High-performance adsorbent for removal of anionic organic dye [J]. ACS Applied Materials & Interfaces, 2014, 6(22): 20225-20233.

[230] WANG L, CHENG C, TAPAS S, et al. Carbon dots modified mesoporous organosilica as an adsorbent for the removal of 2, 4-dichlorophenol and heavy metal ions [J]. Journal of Materials Chemistry A, 2015, 3(25): 13357-13364.

[231] FENG M L, SARMA D, QI X H, et al. Efficient removal and recovery of uranium by a layered organic-inorganic hybrid thiostannate [J]. Journal of American Chemical Society, 2016, 138(38): 12578-12585.

[232] ZHAO Z, LI J, WEN T, et al. Surface functionalization graphene oxide by polydopamine for high affinity of radionuclides [J]. Colloid Surface A, 2015, 482: 258-266.

[233] TANG F, LI L, CHEN D. Mesoporous silica nanoparticles: Synthesis, biocompatibility and drug delivery [J]. Advanced Materials, 2012, 24(12): 1504-1534.

[234] YOKOI T, KUBOTA Y, TATSUMI T. Amino-functionalized mesoporous silica as base catalyst and adsorbent [J]. Applied Catalysis A-general, 2012, 421: 14-37.

[235] WANG X, CHAN J C, TSENG Y, et al. Synthesis, characterization and catalytic activity of ordered SBA-15 materials containing high loading of diamine functional groups [J]. Microporous and Mesoporous Materials, 2006, 95 (1-3): 57-65.

[236] WU F, YE G, LIU Y, et al. New short-channel SBA-15 mesoporous silicas functionalized with polyazamacrocyclic ligands for selective capturing of palladium ions in $HNO_3$ media [J]. RSC Advances, 2016, 6(71): 66537-66547.

[237] SAVVIN S B. Analytical use of arsenazo III: Determination of thorium, zirconium, uranium and rare earth elements [J]. Talanta, 1961, 8(9): 673-685.

[238] ZHANG W, HE X, YE G, et al. Americium (III) capture using phosphonic acid-functionalized silicas with different mesoporous morphologies: Adsorption behavior study and mechanism investigation by EXAFS/XPS [J]. Environmental Science & Technology, 2014, 48(12): 6874-6881.

[239] SILEIKA T S, KIM H D, MANIAK P, et al. Antibacterial performance of polydopamine-modified polymer surfaces containing passive and active components [J]. ACS Applied Materials & Interfaces, 2011, 3(12): 4602-4610.

[240] PONZIO F, BARTHES J, BOUR J, et al. Oxidant control of polydopamine surface chemistry in acids: A mechanism-based entry to superhydrophilic-superoleophobic coatings [J]. Chemistry of Materials, 2016, 28(13): 4697-4705.

[241] PEREZMITTA G, TUNINETTI J S, KNOLL W, et al. Polydopamine meets solid-state nanopores: A bio-inspired integrative surface chemistry approach to tailor the functional properties of nanofluidic diodes [J]. Journal of American Chemical Society, 2015, 137(18): 6011-6017.

[242] LEE M, LEE S H, OH I K, et al. Microwave-accelerated rapid, chemical oxidant-free, material-independent surface chemistry of poly (dopamine) [J]. Small, 2017, 13(4): 1600443.

[243] KANG K, LEE S, KIM R, et al. Electrochemically driven, electrode-addressable formation of functionalized polydopamine films for neural interfaces [J]. Angewandte Chemie-International Edition, 2012, 51(52): 13101-1310.

# 在学期间发表的学术论文

[1] **Zhe Wang**,Yuexiang Lu,Hang Yuan,Zhonghua Ren,Chao Xu,Jing Chen. Microplasma-assisted rapid synthesis of luminescent nitrogen-doped carbon dots and their application in pH sensing and uranium detection. *Nanoscale*,2015,48: 20743-20748.(SCI 收录,检索号:000365982700046,影响因子:7.367)

[2] **Zhe Wang**,Chao Xu,Yuexiang Lu,Fengcheng Wu,Gang Ye,Guoyu Wei,Taoxiang Sun,Jing Chen. Visualization of adsorption:luminescent mesoporous silica-carbon dots composite for rapid and selective removal of U(Ⅵ) and in situ monitoring the adsorption behavior. *ACS Applied Materials & Interfaces*,2017,9:7392-7398. (SCI 收录,检索号:000395494200083,影响因子:7.504)

[3] **Zhe Wang**,Chao Xu,Yuexiang Lu,Xiaotong Chen,Hang Yuan,Guoyu Wei,Gang Ye,Jing Chen. Fluorescence sensor array based on amino acid derived carbon dots for pattern-based detection of toxic metal ions. *Sensors and Actuators B*,2017,24: 11324-11330.(SCI 收录,检索号:000393253700157,影响因子:5.401)

[4] **Zhe Wang**,Chao Xu,Yuexiang Lu,Guoyu Wei,Gang Ye,Taoxiang Sun,Jing Chen. Microplasma-assisted rapid,chemical oxidant-free and controllable polymerization of dopamine for surface modification. *Polymer Chemistry*,2017,8:4388-4392. (SCI 收录,检索号:000406671300010,影响因子:5.375)

[5] **Zhe Wang**,Chao Xu,Yuexiang Lu,Guoyu Wei,Gang Ye,Taoxiang Sun,Jing Chen. Microplasma electrochemistry controlled rapid preparation of fluorescent polydopamine nanoparticles and their application in uranium detection *Chemical Engineering Technology*,2018,344:480-486.(SCI 收录,DOI 检索号:10.1016/j. cej.2018.03.096,影响因子:6.216)

[6] Yuexiang Lu,Zhonghua Ren,Hang Yuan,**Zhe Wang**,Bo Yu,Jing Chen. Atmospheric-pressure microplasma as anode for rapid and simple electrochemical deposition of copper and cuprous oxide nanostructures. *RSC advances*,2015,5: 62619-62623.(SCI 收录,影响因子:3.108)

[7] ZhongHua Ren,YueXiang Lu,Hang Yuan,**Zhe Wang**,Bo Yu,Jing Chen. Charge transfer reactions at the interface between atmospheric pressure microplasma anode and ionic solution. *Acta physico-chimica sinica*,2015,31:1215-1218.(SCI 收录,影响因子:0.767)

[8] Hang Yuan,Yuexiang Lu,**Zhe Wang**,Zhonghua Ren,Yulan Wang,Sichun Zhang,

Zhang，Xinrong Zhang，Jing Chen. Single nanoporous gold nanowire as a tunable one dimensional platform for plasmon-enhanced fluorescence. *Chemical communications*，2016，52：1808-1811.（SCI 收录，影响因子：6.319）

[9] Yang Song，Gang Ye，Wu，Fengcheng Wu，**Zhe Wang**，Siyuan Liu，Maciej Kopec，Zongyu Wang，Jing Chen，Jianchen Wang，Krzysztof Matyjaszewski. Bioinspired polydopamine（PDA）chemistry meets ordered mesoporous carbons（OMCs）：a benign surface modification strategy for versatile functionalization. *Chemistry of materials*，2016，28：5013-5021.（SCI 收录，影响因子：9.466）

[10] Yuekun Liu，Fei Liu，Gang Ye，Ning Pu，Fengcheng Wu，**Zhe Wang**，Xiaomei Huo，Jian Xu，Jing Chen. Macrocyclic ligand decorated ordered mesoporous silica with large pore and short channel characteristics for effective separation of lithium isotopes：synthesis，adsorptive behavior study and DFT modeling. *Dalton transactions*，2016，45：16492-16504.（SCI 收录，影响因子：4.029）

[11] Hang Yuan，Jie Liu，Yuexiang Lu，**Zhe Wang**，Guoyu Wei，Tianhao Wu，Gang Ye，Jing Chen，Sichun Zhang，Zhang，Xinrong Zhang. Nano endoscopy with plasmon enhanced fluorescence for sensitive sensing inside ultrasmall volume samples. *Analytical chemistry*，2017，85：1045-1048.（SCI 收录，影响因子：6.320）

[12] Yang Yang，Xuegang Liu，Gang Ye，Shan Zhu，**Zhe Wang**，Xiaomei Huo，Krzysztof Matyjaszewski，Yuexiang Lu，Jing Chen. Metal free photoinduced electron transfer-atom transfer radical polymerization integrated with bioinspired polydopamine chemistry as a green strategy for surface engineering of magnetic nanoparticles. *ACS Applied Materials & Interfaces*，2017，15：13637-13646.（SCI 收录，影响因子：7.504）

[13] Fengcheng Wu，Ning Pu，Gang Ye，Taoxiang Sun，**Zhe Wang**，Yang Song，Wenqing Wang，Huo，Xiaomei Huo，Lu，Yuexiang Lu，Jing Chen. Performance and mechanism of uranium adsorption from seawater to poly(dopamine) inspired sorbents. *Environmental science & technology*，2017，57：4606-4614.（SCI 收录，影响因子：6.198）

[14] Zhen Zeng，Mingfen Wen，Gang Ye，Xiaomei Huo，Fengcheng Wu，**Zhe Wang**，Yang Yang，Jiajun Yang，Krzysztof Matyjaszewski，Yuexiang Lu，Jing Chen. Controlled architecture of hybrid polymer nanocapsules with tunable morphologies by manipulating surface-initiated ARGET ATRP from hydrothermally modified polydopamine. *Chemistry of Materials*，2017，23，10212-10219.（SCI 收录，影响因子：9.466）

# 附录 A　等离子体辅助多巴胺聚合及其在材料表面改性中的应用

## A.1　引　　言

近年来,受到海洋贻贝的黏附性启发,多巴胺在材料表面改性方面的应用受到很多研究学者的青睐。多巴胺结构中的邻苯二酚和氨基,能够在碱性和氧化剂存在的条件下,发生自聚反应生成聚多巴胺[207-209]。聚多巴胺能够稳定地黏附在各种材料的表面,增强材料的抗污性[239]、亲水性[240]等,同时聚多巴胺的结构中存在很多残余的氨基等官能团,可以使材料很容易地进行二次功能化[241]。2007 年 Messer 等[209] 把不同材料在多巴胺的碱性溶液中浸泡了几天,聚多巴胺即可包覆在材料表面,实现对材料的改性。虽然这种在碱性体系中引发多巴胺聚合,并实现在材料表面包覆的方法操作简单,但是多巴胺聚合的动力学速度很慢,比较耗时。因此,提高多巴胺聚合的速度和控制多巴胺的聚合过程成为研究热点。研究学者们开发了不同的方法用于提高多巴胺的聚合速度,如 Zhang 等[223] 发明了一种利用硫酸铜/过氧化氢($CuSO_4/H_2O_2$)体系加速多巴胺聚合的方法,实验中将不同配比的 $CuSO_4/H_2O_2$ 溶液加入多巴胺溶液,可以加快多巴胺的聚合速度。在最优配比条件下,通过测量多巴胺在硅片上包覆膜的厚度,发现其聚合速度高达 43 nm/h,是传统方法的十倍之多。Ball 等[240] 发现高碘酸盐的加入也可以提升多巴胺的聚合速度,最优实验的聚合速度高达 65 nm/h,是目前报道的所有方法中聚合速度最快的。然而,氧化性化学试剂的引入会使生成的聚多巴胺膜中含有这些物质,造成聚多巴胺膜的污染,对环境不友好。此外,氧化性化学试剂引发的多巴胺聚合过程不易控制,因此,发展一种能够快速且可控的多巴胺聚合方法尤为重要。

第 4 章的研究发现,等离子体阳极和阴极均可引发多巴胺的快速聚合,其中等离子体阳极能够快速、可控地制备颗粒均匀的荧光聚多巴胺碳点,并将其应用于溶液中 U(Ⅵ) 的检测。而等离子体阴极也可以引发多巴胺的聚合,本附录深入研究了等离子体阴极引发多巴胺聚合的过程,同时为聚合产物寻找了不同的应用。本附录将通过一系列条件实验,如延长聚合时间、改变等离子体的作用电流、变化初始溶液的 pH 值、增加多巴胺的浓度等方法对等离子体阴极辅助多巴胺聚合进行探索。研究多巴胺在硅片表面的生长厚度,直观地表示多巴胺的聚合速度。表征聚多巴胺在不同基底材料表面的功能化和图案化等方面的应用。

# A.2　实 验 部 分

## A.2.1　实验试剂与设备

多巴胺盐酸盐(dopamine,DA),百灵威科技有限公司,纯度>99%。

硝酸银,AgNO$_3$,北京化工厂,纯度>99%。

聚醚砜膜(polyether sulfone,PES)和聚砜膜(polysulfone,PSF)购置于美国 SEPRO Membranes 公司。

聚偏二氟乙烯膜(polyvinylidene fluoride,PVDF)购买于陶氏化学。

无纺布,玻璃纤维和聚二甲基硅氧烷膜(poldimethyl siloxane,PDMS)使用前未经纯化处理。

硅片,北京中镜科仪科技有限公司,使用前先用"食人鱼"洗液(98% H$_2$SO$_4$/35% H$_2$O$_2$,体积比为 7∶3)在超声波清洗器中清洗 30 min,使其表面的硅羟基 Si—OH 暴露,便于功能化。

包覆在硅片上聚多巴胺的厚度通过原子力显微镜(AFM,SPA-300HV,SEIKO,Japan)在 Tapping 模式下测得。

包覆聚多巴胺前后的各种膜材料的接触角在 DSA100(Hamburg,Germany)仪器上获取。

其他试剂和仪器设备同前,本附录用自制的去离子水配制所有溶液。

## A.2.2　等离子体阴极辅助多巴胺聚合

配制 10 mM 的磷酸氢二钠和磷酸二氢钠溶液(PBS 缓冲溶液),调节 pH 值为 5 和 8。称取一定量的多巴胺盐酸盐固体,溶于 pH=5 的 PBS 溶液中制备 2 mg/mL 的多巴胺溶液。利用 H 形反应器将多巴胺溶液的阴极和阳极分开,以等离子体气体电极为阴极,铂丝电极为阳极处理多巴胺溶液。设定不同的反应条件对等离子体阴极辅助多巴胺聚合过程进行研究。首先在电流为 6 mA 的条件下,逐渐延长等离子体作用的时间,获得一批聚多巴胺的样品并对其进行拍照和表征。其次,固定反应时间为 10 min,调节反应的电流在 3～9 mA 变化,观察反应生成的聚多巴胺情况。此外,本附录探索了多巴胺的浓度和溶液的初始 pH 值对多巴胺聚合的影响。在每次反应结束后立即用紫外可见吸收光谱仪测量样品的紫外吸收光谱。

本附录设计了"开-关"(ON-OFF)实验用于验证等离子体阴极对多巴胺聚合的可控性。实验过程中,用等离子体阴极处理多巴胺溶液 2 min,关闭电源,切断等离子体的作用并将溶液放置在黑暗条件下持续 5 min。将其拿出接通电源继续等离子体的处理,如此循环 4 次,每次处理结束后先测量溶液的紫外吸收强度,记录其在 420 nm 处的吸收强度数据并进一步分析。本实验通过控制等离子体的开关希望实现对多巴胺溶液聚合过程的控制。

### A.2.3　聚多巴胺在不同基底上的沉积

在 H 形反应器中先放入 pH＝5 的多巴胺溶液(2 mg/mL),如图 A-1所示,把不同的基底通过细绳浸润在多巴胺溶液中,接通电源,在等离子体阴极的辅助下开始多巴胺的聚合反应,生成的聚多巴胺会包覆在各种基底的表面,加入搅拌使其均匀聚合,同时也希望使生长在基底表面的聚多巴胺更加均匀、平滑。待等离子体作用 30 min 后,关闭电源,将基底轻轻取出,用去离子水和丙酮分别冲洗基底表面,用氩气吹干,并用数码摄像机进行拍照和后续的应用。

本附录将有聚多巴胺的基底功能化,放入硝酸银溶液进行银的还原,聚多巴胺具有很强的还原性质,能将溶液中的银离子还原成单质银。因此,这一实验常被用来验证基底上聚多巴胺的成功包覆。本附录将包覆有聚多巴胺的基底放入 50 mM 的硝酸银溶液,静置反应,2 h 后将其取出并用数码摄像机拍照。

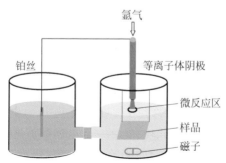

**图 A-1　等离子体阴极辅助多巴胺聚合并包覆在不同基底的表面**

### A.2.4　聚多巴胺在图案化中的应用

将聚二甲基硅氧烷膜(PDMS)用手术刀刻出形状,像面膜一样敷在聚醚砜膜(PES)的表面,将它们一同浸入多巴胺溶液,这样就使得覆有 PDMS 膜的部分不能生长聚多巴胺,而刻出形状的部分由于暴露在多巴胺溶液中,聚多巴胺可以包覆在 PES 上。反应结束后将其取出,把 PDMS 膜揭下即可看到沉积有不同形状的聚多巴胺包覆层。本附录利用这种简单的方法轻松实现了聚多巴胺包覆层的图案化。

另外,由于本书所使用的等离子体是通过击穿不锈钢细管中的氩气得到的,而且作用范围比较小,可以通过手或者其他机器的移动而实现另一种形式的图案化。本附录在此做了初步的演示,将等离子体的发生装置(不锈钢玻璃管)嵌入中空的玻璃管;将打印纸浸泡在多巴胺溶液中,取出平铺在导电的铜箔表面;手持玻璃管,接通导线,即可以多巴胺为溶液连接阳极的铜箔和阴极的等离子体,形成电化学回路。开通电源后,操作者就像用笔在纸上写字一样移动玻璃管进行书写,实现另一种形式的图案化,所制备的样品经氩气吹干后用数码相机进行拍摄。

## A.3　结果与讨论

### A.3.1　等离子体阴极辅助多巴胺聚合

多巴胺可以在碱性和有氧化剂存在的条件下发生自聚,而等离子体阴极可以提供碱性的环境。因此,本附录首先验证了等离子体阴极是否可以实现多巴胺的聚合。如图 A-2 所示,自然放置,随着反应时间的延长,在 pH=8 的溶液中,多巴胺可以缓慢聚合,颜色由无色变为浅灰色;而在 pH=5 的溶液中,溶液颜色基本不变,即多巴胺很难发生自聚反应。说明多巴胺在弱碱性体系中能够发生缓慢的自聚,而弱酸性的条件抑制了多巴胺的聚合反应。然而,当等离子体阴极作用于 pH=5 的多巴胺酸性溶液时,多巴胺会快速聚合,溶液的颜色随反应时间的累积而迅速变为深棕色。图 A-3(a)是等离子体作用不同时间的溶液的紫外吸收光谱图,可以看到随着时间的增加,紫外吸收谱图的吸收强度持续上升,为更直观且简单地描述这一变化趋势,本附录选取吸收峰在 420 nm 处的数值进行分析。图 A-3(b)即在 420 nm 的吸收强度随反应时间的变化趋势,作为对比,将自然放置条件下 pH=5 和 pH=8 的多巴胺溶液自聚后的吸收强度随时间的变化情况列入图中。可以看到随着反应时间的增加,等离子体阴极可以使多巴胺快速聚合,在 420 nm 处的吸收强度也在 30 min 内迅速增长到 3.95,其聚合速度远大于在弱碱性体系中的多巴胺自聚合速度。这些实验现象表明等离子体阴极可以提高多巴胺的聚合速度。

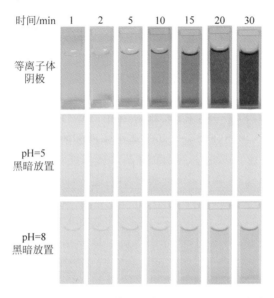

图 A-2　不同反应时间内,等离子体阴极处理多巴胺溶液,以及
pH＝5 和 pH＝8 的多巴胺溶液自然放置后的照片

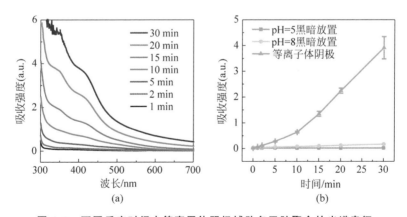

图 A-3　不同反应时间内等离子体阴极辅助多巴胺聚合的光谱表征

(a) 产物的紫外吸收光谱图;(b) 自然放置,等离子体阴极处理,pH＝5 和 pH＝8 的多巴胺溶液中多巴胺聚合产物的紫外吸收强度随反应时间的变化趋势图,以吸收光谱图中 420 nm 数据为标准作图

　　通常情况下,多巴胺需要在弱碱性溶液和/或氧化性物质存在的情况下才能发生聚合反应,其聚合速度也和溶液的 pH 值、氧化性物质的浓度等因素有关。等离子体电化学的过程也包含两个重要的过程:①在等离子体-溶液的界面处发生电化学反应,即阳极发生氧化反应,生成 $H^+$,溶液的 pH 值降低,而阴极发生还原反应,生成 $OH^-$,溶液的 pH 值升高;②等离子体会引入很多具有活性的氧化性自由基(reactive oxygen species,ROS),可能包括 $O_2^-$、$HO_2$·和 OH·等溶解在溶液中,会发生复杂的化学反应。因此,在等离子体阴极处理多巴胺溶液之前,多巴胺溶液的初始 pH 值是 5,在这个弱酸性体系中,多巴胺自身的聚合被屏蔽了。在接通电源后,在等离子体-溶液的界面处发生的电荷转移引发了水解作用,生成 $OH^-$,这个微小反应区域中的溶液 pH 值骤增。同时,界面处的氧气和等离子体内部的一些复杂反应导致氧化性物质 ROS 的生成。因此,这两种因素就导致多巴胺的快速聚合并分散在溶液中。具体的聚合机理在第 5 章已经详细阐述,因此等离子体阴极可以引发多巴胺的快速聚合。而且从表 A-1 可以看到,在等离子体阴极处理了 30 min 后的多巴胺溶液的 pH 值仍低于 8,说明多巴胺如此快速地聚合并不是由溶液整体 pH 值的升高引发的,而是由等离子体作用微区 pH 值的骤增引起的,在接下来的扩散过程中,多巴胺还会在微小的环境中进一步聚合,而溶液整体的 pH 值逐渐增大,也为多巴胺的进一步聚合长大提供了条件。

表 A-1　等离子体阴极作用多巴胺溶液不同时间后溶液 pH 值的变化情况

| 时间/min | 1 | 2 | 5 | 10 | 15 | 20 | 30 |
|---|---|---|---|---|---|---|---|
| pH | 5.80 | 6.04 | 6.41 | 6.67 | 6.90 | 7.12 | 7.24 |

　　另外,在传统多巴胺聚合的实验中,多巴胺的聚合速度受溶液 pH 值的影响很大,一般会随 pH 值的增加而逐渐加快。本附录也同样表征了初始 pH 值不同的多巴胺溶液在等离子体作用下的聚合情况。从图 A-4(a)可以看出,在相同的反应时间和反应电流的条件下,多巴胺溶液的初始 pH 值对多巴胺的聚合速度并没有明显的影响,这可能是由于等离子体阴极作用下的多巴胺聚合速度已经远超 pH 值影响的多巴胺自聚合速度,进一步说明了等离子体阴极可以加快多巴胺的聚合速度。此外,由于等离子体的开关是可控的,本附录设计的实验希望能够通过控制等离子体的开关有效控制多巴胺的聚合过程。实验过程中,接通电源,利用等离子体阴极持续作用多巴胺溶液 2 min,关闭电源,将产物用紫外可见吸收光谱仪测量。在黑暗中放置 5 min 后,测量其吸收强度,再次以等离子体作用此多巴胺的溶液

2 min,如此循环 4 次。从图 A-4(b)可以看出,在等离子体作用的 2 min 内,多巴胺能够快速聚合,生成的聚多巴胺产物的吸收强度一直在增加,说明产物的持续增多,而在黑暗中放置 5 min 的时间内,溶液的紫外吸收强度基本不变,说明多巴胺的聚合并没有持续进行,而是停滞不前,表明可以通过控制等离子体阴极的开关进而实现对多巴胺聚合的有效控制。

　　最后,本附录还研究了不同的反应电流和不同的多巴胺浓度对多巴胺聚合的影响,图 A-4(c)显示,随着反应电流的增加,多巴胺的聚合程度逐渐增多。图 A-4(d)则表明,随着多巴胺浓度的增加,多巴胺的聚合程度先增大后达到平台,这是由于在此反应电流和反应时间内,等离子体的处理能力达到饱和,因此可以通过提升反应电流等实验条件加快多巴胺的聚合进程。

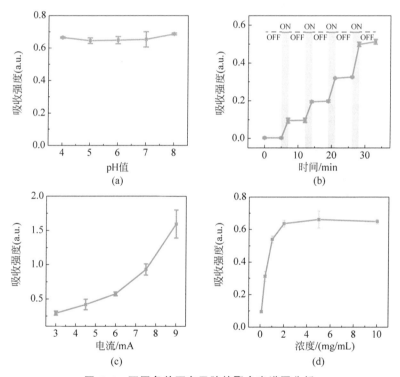

**图 A-4　不同条件下多巴胺的聚合光谱图分析**

（a）溶液的不同初始 pH 值对聚合的影响（多巴胺浓度＝2 mg/mL,反应时间＝10 min,反应电流＝6 mA）;（b）通过控制等离子体阴极是否作用实现对多巴胺聚合的有效控制（反应时间＝2 min,停止时间＝5 min,多巴胺浓度＝2 mg/mL,反应电流＝6 mA）;（c）不同反应电流对多巴胺聚合的影响（多巴胺浓度＝2 mg/mL,反应时间＝10 min）;（d）不同多巴胺浓度对多聚合程度的影响（反应电流＝6 mA,反应时间＝10 min）。以上实验均选取紫外吸收光谱中 420 nm 峰值处的数据进行分析

　　为了获取更多的表征结果,本附录将多巴胺包覆在硅片表面。硅片在使用前先用"食人鱼"洗液进行表面处理,主要目的是暴露其表面的硅羟基,便于进一步功能化。将处理后的硅片放入多巴胺溶液中,边搅拌边用等离子体阴极引发多巴胺的聚合。聚合的多巴胺就会沉积在硅片表面,待反应结束后将硅片取出用氩气吹干,用于接下来的分析表征。首先,在扫描电子显微镜(SEM)下观察了聚多巴胺包覆层的形貌,如图 A-5(a)所示,可以看到多巴胺在硅片表面生长得比较均匀,呈颗粒状,这也与等离子体所制备的材料呈纳米颗粒状一致。其次,用 X 射线光电子能谱(XPS)对沉积的聚多巴胺进行表征,如图 A-5(b)所示,可以看到聚多巴胺是由 C、N 和 O 3 种元素组成的,O 元素的成分比例较高是由于硅片表面含有 O 元素。通过对 XPS 中 C1s 的分峰发现,和 C 相连的化学键有 C—C/C=C、C—N 和 C=O,其中 288.4 eV 处 C=O 的出现证实了醌类物质的生成,具体见 A-5(b)的插图。表 A-2 列出了各个峰值的结合能和百分比,这一结果进一步证实了聚多巴胺的生成。

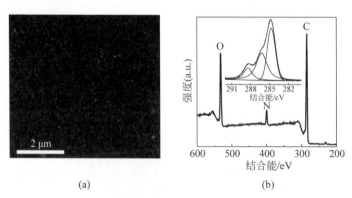

(a)　　　　　　　　　　　　(b)

**图 A-5　包覆在硅片上的聚多巴胺的表征**

(a) SEM 照片;(b) XPS 表征分析

**表 A-2　聚多巴胺的 XPS 分析(C1s 分峰结果)**

|  | 峰值结合能/eV | 聚多巴胺/% |
|---|---|---|
| C—C/C=C | 284.7 | 43.2 |
| C—N | 286.2 | 42.2 |
| C=O | 288.4 | 14.6 |

　　图 A-6 是对多巴胺聚合过程的推测示意图,经过上述分析,可以将多巴胺的聚合过程归结如下,在等离子体阴极的体系中,空气中的氧气和等离

子体内部大量的氧化性物质（ROS）的存在，以及界面处局部 pH 值的骤增使得多巴胺被氧化成醌类结构，并进一步发生自聚反应，生成二聚体进而聚合成交联的聚多巴胺。

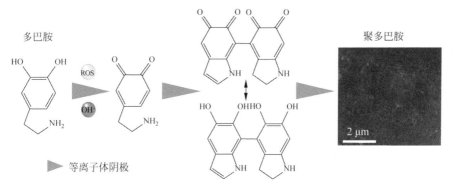

**图 A-6 在等离子体阴极作用下，多巴胺聚合的结构示意图**

为了对其聚合速度有更为直观的数据，本附录以原子力显微镜（AFM）测量了不同反应时间内聚多巴胺在硅片表面的生长厚度。将硅片浸入多巴胺溶液中，在等离子体阴极的处理下，多巴胺会沉积在硅片表面。通过控制等离子体的作用时间，本附录得到了反应时间为 10 min、20 min、30 min 和 40 min 时多巴胺包覆的硅片；另外，通过改变电流，将电流从 6 mA 增加到 9 mA，也得到了不通电流下多巴胺包覆的硅片。用 AFM 测量这些硅片中多巴胺的包覆厚度，测量结果见图 A-7。可以发现，随着反应时间的增加，硅片上多巴胺沉积的厚度呈线性增加，而且较大的电流在加快多巴胺聚合

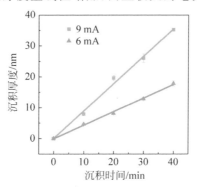

**图 A-7 在等离子体电流为 6 mA 和 9 mA 条件下，多巴胺在**
**硅片上的生长厚度随时间的变化**

利用原子力显微镜测量各个硅片表面聚多巴胺的生长厚度

速度的同时,在硅片表面也获得了较大的沉积厚度。经过计算发现,在 9 mA 的电流下,多巴胺在硅片上的生长速度达到 53 nm/h,是目前加快多巴胺聚合速度的方法中较快的一种。其他文献中多巴胺的聚合速度列于表 A-3 中。相较于传统方法和紫外光照射生成自由基进而加快多巴胺聚合的方法,本附录所采用的等离子体阴极辅助方法很有竞争力。

表 A-3　不同方法将聚多巴胺沉积在硅片上厚度的比较

| 反 应 条 件 | 时间/h | 厚度/nm | 厚度/时间/(nm/h) | 参考文献 |
|---|---|---|---|---|
| 空气,pH=8.5 | 24.0 | 50.0 | 2.1 | [209] |
| $CuSO_4/H_2O_2$,pH=8.5 | 0.7 | 30.1 | 43 | [223] |
| $NaIO_4$,pH=5 | 1 | 65 | 65 | [240] |
| UV,pH=8.5 | 2.0 | 4.0 | 2.0 | [222] |
| 微波法 | 0.25 | 18 | — | [242] |
| 电化学法 | 1 | 11.5 | 11.5 | [243] |
| 等离子体阴极法 | 0.7 | 35.3 | 53 | 本附录内容 |

### A.3.2　聚多巴胺在材料功能化和图案化中的应用

多巴胺具有很强的黏附性,能够很容易地黏结在各种材料的表面,实现对材料表面的功能化。而且由于多巴胺聚合后其表面存在大量未聚合的多巴胺片段,这些片段的官能团为材料的二次功能化提供了很多活性位点,因此多巴胺一般用于改善材料表面的性质。在本附录中,等离子体阴极可以轻松实现对多巴胺的快速、可控聚合,因此,后文将生成的多巴胺负载在一些膜材料和玻璃纤维等的表面,以改善其亲疏水的性质,实现对其表面的功能化。

将各种基底放入多巴胺溶液,用等离子体阴极处理 30 min,实验结束后的基底照片如图 A-8 所示。可以明显看到,随着等离子体的作用,多巴胺聚合的同时也能够包覆在这些基底材料的表面,基底材料的颜色由原来的白色逐渐变成棕色,表明多巴胺的成功包覆。由于聚多巴胺具有很强的还原性,本附录还将这些基底材料放入硝酸银溶液以验证聚多巴胺的生成。从照片的颜色可以发现,生成的聚多巴胺确实能够还原硝酸银溶液生成银单质,这些被还原出来的银单质负载在聚多巴胺的表面,使得基底颜色进一步加深,说明了聚多巴胺的强还原性。值得一提的是,其他方法所制备的聚多巴胺包覆层在还原硝酸银时需要放置 18 h 或更长时间,而本附录所用的聚多巴胺包覆层在还原银单质时只需放置 2 h,说明这种方法所制备的聚多巴胺具有更强的还原性。

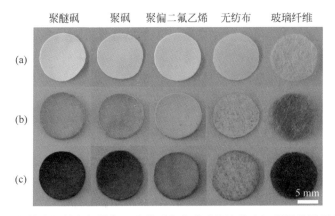

**图 A-8　各基底材料在包覆多巴胺前后和在硝酸银溶液中还原银单质后的照片**
(a) 空白；(b) 包覆多巴胺后；(c) 多巴胺包覆后还的 Ag

本附录对包覆多巴胺前后基底材料的亲水性进行了表征。图 A-9 是不同材料的接触角，可以发现这些基底材料在包覆聚多巴胺后，其接触角都有一定程度的减小，说明等离子体阴极制备的聚多巴胺包覆层改善了基底材料的亲水性。因此，等离子体阴极辅助多巴胺聚合的方法在改善基底材料的亲水性和功能化等方面具有广阔的应用前景。

此外，等离子体的方法也可以在基底表面实现二维的图案化。通过将覆有 PDMS 的 PES 浸入多巴胺溶液中，在等离子体阴极的辅助下，多巴胺开始聚合并包覆在裸露的 PES 表面，而被 PDMS 覆盖的部分则不能实现聚多巴胺的包覆，如此即可形成图案化的包覆层。如图 A-10(a) 所示，通过调节 PDMS 裸露的形状和大小，可以实现不同形状的功能化包覆层。因此，这种简单将材料表面图案化的方法在改进后会具有更广阔的应用领域。另外，将引发等离子体的不锈钢细管嵌入玻璃管，通过手持玻璃管即可实现另一种形式的图案化。如图 A-10(b) 所示，将浸有多巴胺溶液的打印纸平铺于导电的铜箔上，铜箔一侧连接导线，作为阳极，而玻璃管作为阴极引发等离子体的产生，将玻璃管中不锈钢细管的尖端置于打印纸上方 2～3 mm 处，接通电源，多巴胺溶液的存在会形成电化学回路，引发等离子体。由于多巴胺的聚合机理是由在等离子体作用的微区的 pH 值骤增引发的，当缓慢移动等离子体时，其所到之处皆会引起多巴胺的聚合，呈现棕色；而等离子体没有作用的范围，由于纸张中纤维的阻力，多巴胺不会聚合，于是在纸张上就会出现如图 A-10(b) 所示的字迹和图案。

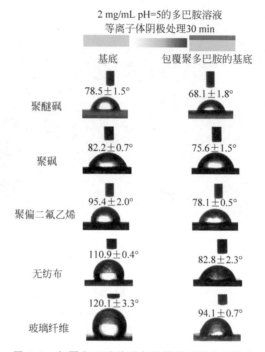

**图 A-9　包覆多巴胺前后各种基底材料的接触角**

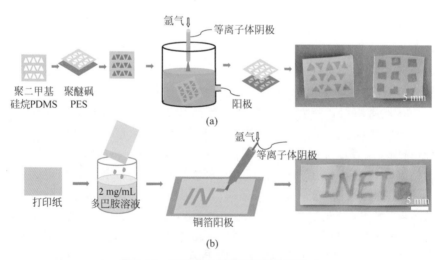

**图 A-10　形成聚多巴胺图案的不同方式**

（a）将刻有不同形状的 PDMS 覆在 PES 表面,在等离子体阴极的辅助下引发多巴胺的聚合,使其在 PES 的裸露部分生长聚多巴胺,形成不同的图案；（b）手持等离子体阴极在浸润多巴胺溶液的打印纸上进行书写,实现图案化

# 致　　谢

素时锦年,白驹过隙。五年的博士生涯即将结束,回首过往,欢乐与惆怅并存,迷茫与憧憬同在,人与事如昨,遇到很多人更要感谢很多人。

首先感谢我的导师陈靖教授在科研和生活上的培养与帮助。陈老师幽默的生活态度、豁达的人生观、认真负责的行事作风使我受益良多。无论是科研方向、出国学习,还是工作就业,陈老师都给予了我莫大的包容、鼓励、支持与帮助。希望在未来的科研道路上,陈老师能收获更多的成果与荣誉。

感谢陆跃翔老师耐心细致的培养,陆老师敏捷的思维、优秀的语言表达能力和严谨的科研态度让我收获颇多。感谢叶钢老师在科研和生活上对我的帮助与建议,叶老师认真负责的态度和对完美的追求让我感触颇深。感谢徐超老师、何千舸老师、马晓明老师、张艳丽老师等各位实验室老师和师傅在学习、科研上的帮助和支持。

感谢劳伦斯伯克利国家实验室的饶林峰老师、张志诚老师在我出国交流期间的照顾与帮助。饶老师严谨的科研作风、乐观的生活态度和孜孜不倦的育人精神令我佩服至极,饶老师对我的垂问与帮助让我铭记于心,愿健康常伴左右。

感谢我的父亲、母亲、哥哥、嫂子对我的照顾、支持与理解,是父亲每一次送我上学的背影、母亲每一个电话的寒暄、哥哥每一道接我回家的车辙和嫂子每一声问候让我能够在学习的道路上坚定不移的迈步前进,愿健康与快乐常随。感谢侯方心同学在五年里对我学习科研上的支持与鼓励,以及生活中的照拂与陪伴,让我能够开心快乐地度过博士生涯,愿友谊地久天长。

感谢核博 13 班的同学和实验室的兄弟姐妹在这五年里对我学习与生活的帮助和照顾。感谢易荣、袁航、刘少名、吴奉承、宋扬、刘栎锟、霍晓梅、魏国玉、郁博轩、浦宁、李鸿鹏、曾珍、刘爽、吴桐等,因为刚好遇见你们,让我有了一群可以打打闹闹、说说笑笑的朋友，让我在枯燥的科研生活中感受到了温馨与幸福、包容甚至溺爱。遇到你们是一件幸运的事情，愿幸运常在。

　　科研漫漫，道阻且长；上下求索，初心不忘。感谢一直以来遇到的每一个人，让我学会坚强、学会生活，常留微笑、延续精彩！

王　哲

2018 年 5 月